数林外传系列

跟大学名师学中学数学

对 应

◎ 单墫 著

U0258833

中国科学技术大学出版社

内 容 简 介

本书通过许多初等问题,介绍数学中极基本的概念——"对应"在计算与证明中的应用. 内容覆盖映射、计数、卡塔兰数、表示四个方面的相关知识,并配有习题及习题解答.

本书适合中学数学教师和对此方面感兴趣的中学生.

图书在版编目(CIP)数据

对应/单墫著. —合肥:中国科学技术大学出版社,2016.6 (2019.7 重印)

(数林外传系列:跟大学名师学中学数学)

ISBN 978-7-312-03982-9

Ⅰ. 对⋯ Ⅱ. 单⋯ Ⅲ. 数学—青少年读物 Ⅳ. O1-49

中国版本图书馆 CIP 数据核字(2016)第 113767 号

出版	中国科学技术大学出版社
	安徽省合肥市金寨路 96 号,230026
	http://press.ustc.edu.cn
	https://zgkxjsdxcbs.tmall.com
印刷	合肥市宏基印刷有限公司
发行	中国科学技术大学出版社
经销	全国新华书店
开本	880 mm×1230 mm 1/32
印张	6.375
字数	132 千
版次	2016 年 6 月第 1 版
印次	2019 年 7 月第 2 次印刷
定价	20.00 元

前　　言

"对应"是一个极基本的数学概念.

人类在上古时代就已经知道把自己的手指或石子与货物(牛、羊等等)对应起来进行计数.随着时间的推移,对应的作用越来越大,地位也越来越重要.

几何中的各种变换,数学分析中的各种函数,都是对应的例子.

现代数学中,同态、同构、同伦、同胚……无一不是具有某种性质的对应.各种各样的"表示",实质上也就是各种各样的对应.

为了计算一个集合的元素个数,在组合数学中,常常利用这个集合与另一个集合之间的对应关系.这种方法称为"对应原理".

数学证明中,也常常出现"对应"这个幽灵.

被誉为 20 世纪最重大成果的 Faltings 定理,就是证明了一系列的对应都是同构,从而解决了长期悬而未决的 Mordell 猜测.

这本小书,通过许多初等问题,介绍"对应"在计算与证明中的应用.希望它能伴随读者度过一些愉快的时光.

目 录

一、映　　射

1　映　　射

人们常常说到"对应"，例如"兵对兵，将对将""兵来将挡，水来土掩""天上一颗星，地下一个人"……

"对应"，是数学中一个极为重要的基本概念.

如果有两个集合（集）X,Y，对每个 $x\in X$，在 Y 中有唯一确定的元素 y 与它对应，我们就得到一个从集合 X 到集合 Y 的映射 f. 记为

$$f: X \to Y.$$

映射也称作函数. 这里，y 称为 x（在映射 f 下）的像，而 x 称为 y 的原像，记为

$$y = f(x),$$

或

$$x \mapsto y.$$

【例1】 $X=\{a,b,c\}, Y=\{1,2,3\}$. 从集合 X 到 Y 有许多不同的映射（不久我们就会知道，共有 27 个不同的映射）. 例如，我们可以令映射 f 为：

$$a \longmapsto 1, \quad b \longmapsto 2, \quad c \longmapsto 3.$$

令映射 g（在同一个问题中，对不同的映射采用不同的记号，以免混淆）为

$$a \longmapsto 2, \quad b \longmapsto 1, \quad c \longmapsto 3.$$

【例2】　$X=\{1,2,\cdots,n\}, Y=\{0\}$. 映射 f 定义为 $f(x)=0$（其中 $x \in X$）. 这样的映射可称为零映射.

【例3】　集合 X 到集合 X 自身的映射 f, 定义为

$$f(x) = x \quad (x \in X).$$

这个映射称为恒等映射.

【例4】　$X=\{1,2,3,\cdots,300\}, Y=\{0,1,2\}$. 映射 f 定义为

$$f(x) = \begin{cases} 0, & \text{若 } x \text{ 被 3 整除；} \\ 1, & \text{若 } x \text{ 除以 3 余 1；} \\ 2, & \text{若 } x \text{ 除以 3 余 2.} \end{cases}$$

【例5】　$X=\{1,2,\cdots,100\}, Y=\{1,2,\cdots,200\}$. 映射 φ 定义为

$$\varphi(n) = 2n \quad (n=1,2,\cdots,100).$$

【例6】　$X=\{1,2,\cdots,200\}, Y=\{1,2,\cdots,100\}$. 映射 ψ 定义为

$$\psi(n) = \begin{cases} \dfrac{n}{2}, & n \text{ 为偶数；} \\ \dfrac{n+1}{2}, & n \text{ 为奇数.} \end{cases}$$

【例7】　$X = \{1, 2, \cdots, 3n\}, Y = \{1, 2, \cdots, n\}$. 映射 f 定义为

$$f(3k-2) = f(3k-1) = f(3k) = k \quad (k = 1, 2, \cdots, n).$$

【例8】　$X = \{1, 2, \cdots, n\}$, 映射 f 定义为

$$f(x) = n+1-x \quad (x \in X).$$

这是从 X 到 X 自身的映射.

请读者自己举一些映射的例子.

2 一 一 对 应

设 f 是从集合 X 到集合 Y 的一个映射.

如果对于集合 X 中任意两个不同元素 $x \neq x'$,都有
$$f(x) \neq f(x'),$$
即不同元素的像不同,那么 f 称为**单射**.

上一节例 1、例 3、例 5、例 8 中的映射,都是单射. 例 2、例 4、例 6、例 7 中的映射不是单射.

如果对于集合 Y 中每个 y,都有(至少一个)$x \in X$,使得
$$f(x) = y,$$
即集合 Y 中每个元素都是(集合 X 中某些元素的)像,那么 f 称为**满射**(或称为映上的).

上一节例 1、例 2、例 3、例 4、例 6、例 7、例 8 中的映射都是满射. 例 5 中的映射不是满射,因为 Y 中的奇数不是 X 中元素的像.

如果映射 f 既是单射,又是满射,那么 f 称为**一一对应**.

上一节例 1 中的两个映射都是一一对应. 例 3 中的恒等映射当然是一一对应. 例 8 中的映射也是一一对应. 而上一节其他例子中的映射都不是一一对应.

显然,如果集 X 与集 Y 之间存在一一对应 f,那么集 X 与集 Y 的元素个数相等,即

$$|X|=|Y|,$$

这里,$|X|$表示一个集 X 的元素个数.

反过来,如果$|X|=|Y|$,那么在集 X 与集 Y 之间必存在一个一一对应.这只要使 X 的第一个元素的像为 Y 的第一个元素,X 的第二个元素的像为 Y 的第二个元素,依此类推.

如果 f 是满射,并且每一个 $y \in Y$ 恰好是 X 中 m 个元素的像,那么 f 称为**倍数映射**.

上一节例 2、例 4、例 6、例 7 中的映射,都是倍数映射,倍数 m 分别为 $n,100,2,3$.例 5 中的映射不是倍数映射.

一一对应也可以看成倍数 $m=1$ 的倍数映射.

3 淘 汰 赛

16名乒乓球选手要决出单打冠军,通常按图1进行淘汰赛:

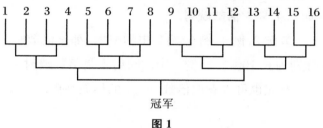

图 1

即第一轮分成8对进行比赛;胜者进入第二轮,再分成4对进行比赛;第二轮的胜者(4名)分成两对进行第三轮的比赛;最后,由第三轮的胜者(2名)决出冠军. 如果选手的人数不是2的正整数幂,通常先补充几名"乌有选手",凑成2的正整数幂,那些与乌有选手配对的选手"轮空",不用比赛便可直接进入下一轮. 例如在仅有12名选手参加比赛时,可以将上面图中的4个号码作为乌有选手. 如果2,6,10,14是乌有选手,那么1,5,9,13四名选手第一轮轮空,直接进入第二轮.

【例】 n 名选手(例如 $n=16$ 或 12)参加淘汰赛,要进行多少场比赛才能决出冠军?

解 如果先算出每一轮的场数,然后相加,是比较麻烦的. 简便的解法是注意每场比赛恰好淘汰一名选手,即比赛的场次与被淘汰的选手是一一对应的. 因为一共淘汰 $n-1$ 名选手,所以比赛的场数也是 $n-1$.

4 锯 立 方 体

【例】 一个边长为 3 个单位的立方体,锯 6 次:横锯两次,纵锯两次,竖锯两次,可以锯成 27 个边长为 1 个单位的立方体.如果允许你把各次得到的木块任意地叠起来锯,能否锯 5 次(或更少)就得出 27 个单位立方体?

解 问题的关键是在原立方体中心的那个单位立方体有 6 个面.每锯 1 次至多能使它有 1 个面暴露在"光天化日"之下.因此,要使它的 6 个面完全"曝光",至少要锯 6 次.当然,6 次也确实可以把原立方体锯成 27 个单位立方体.

这里,第一次锯,第二次锯,……,第六次锯,恰好与在原立方体中心的那个单位立方体的 6 个面——对应.

5 棋盘上的方格

所谓 $m \times n$ 的棋盘,是指一边由 m 个方格组成,另一边由 n 个方格组成的矩形棋盘.例如 8×8 的棋盘就是通常的国际象棋棋盘.

【例 1】 在 8×8 的棋盘上取两个小方格,这两个小方格恰有一个公共点,有多少种不同的取法?

解 每一种取法,有一个点与它对应.这个点就是所取的两个小方格的公共点.它是棋盘上横线与竖线的交点,不在棋盘的边界上.

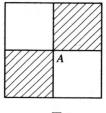

图 1

从图 1 可以看出,每一个点对应于两种不同的取法,即取两个黑格,或两个白格;与它们对应的是同一个点(A 点).所以,这里的映射是一个倍数映射($m=2$).

因为在 8×8 的棋盘上,内部的 7 条横线与 7 条竖线有 $7 \times 7 = 49$ 个交点,所以共有

$$49 \times 2 = 98$$

种不同的取法.

点评 一般地,在 $m \times n$ 的棋盘中,取两个恰有一个公共点的小方格,共有 $2(m-1)(n-1)$ 种方法.

类似地,我们可以解决下面的问题:

【**例 2**】　从 $m \times n$ 的棋盘中,取出一个由三个方格组成的 L 形(图 2),有多少种不同的取法?

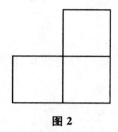

图 2

解　有 $4(m-1)(n-1)$ 种取法.因为每一个点与 4 种取法对应.

6　对　称

在几何中,"对称"是一种常见的对应. 例如,在坐标平面中,令

$$(x,y) \mapsto (x,-y),$$

这个一一对应就是上(或下)半平面$\{(x,y) \mid y > (或 <)0\}$关于$x$轴的轴对称. 而

$$(x,y) \mapsto (-x,y)$$

是右(或左)半平面$\{(x,y) \mid x > (或 <)0\}$关于$y$轴的轴对称.

$$(x,y) \mapsto (-x,-y)$$

是以原点$O(0,0)$为对称中心的中心对称.

【例】　甲、乙两人轮流在一张方桌(或圆桌)上放硬币(硬币互不重叠),直至放不下为止. 规定放最后一枚的为胜. 证明:放第一枚硬币的甲,有百战百胜的策略.

解　甲将第一枚硬币放在桌子中央(对称中心). 以后,每当乙放一枚硬币时,甲就在(关于中心)对称的地方放一枚硬币. 这样,只要乙能放硬币,甲就一定能放,所以甲必胜无疑.

7　集合自身的对称

设 $X=\{1,2,\cdots,n\}$ 是一个有限集合. X 到自身的映射 f:
$$x \longmapsto n+1-x \quad (x=1,2,\cdots,n)$$
是一一对应(即第 1 节例 8 中的映射). 它可以称为**集合自身的对称**.

【例1】 求 $1+2+3+\cdots+n$.

解 将 $S=1+2+3+\cdots+n$ 与 $S=n+(n-1)+(n-2)+\cdots+1$ 相加,得
$$2S = \overbrace{(n+1)+(n+1)+\cdots+(n+1)}^{n\uparrow} = (n+1)n,$$
所以
$$S = \frac{n(n+1)}{2}.$$

这是一个众所周知的问题,它有各种各样的"变形".

【例2】 设不超过 n 并且与 n 互素的数共 $\varphi(n)$ 个. 如果 n 的素因数分解式是
$$n = p_1^{a_1} p_2^{a_2} \cdots p_k^{a_k},$$
这里 $p_1,p_2,\cdots,p_k$ 是不同的素数,那么,在数论中有计算 $\varphi(n)$ 的公式
$$\varphi(n) = p_1^{a_1-1} p_2^{a_2-1} \cdots p_k^{a_k-1} (p_1-1)(p_2-1)\cdots(p_k-1).$$

试利用这个公式,求出和

$$1+3+7+9+11+\cdots+99.$$

这里的加数,是 $X=\{x\mid 1\leqslant x\leqslant 100, x$ 为与 100 互素的自然数$\}$ 中的所有元素.

解　$f(x)=100-x$ 是集 X 自身的对称.所以

$$99+97+93+91+89+\cdots+1$$

也是 X 中所有元素的和.将它与

$$1+3+7+9+11+\cdots+99$$

相加,得 $100\varphi(100)$,从而所求的和为

$$\frac{100\varphi(100)}{2}=\frac{100\times\varphi(2^2\times5^2)}{2}$$

$$=\frac{100\times2\times5\times(2-1)(5-1)}{2}$$

$$=2000.$$

点评　一般地,小于 n 并且与 n 互素的自然数的和为 $\frac{1}{2}n\varphi(n)$.

【**例 3**】　对于数集 M,M 中最大的数与最小的数的和,称为 M 的特征,记为 $m(M)$.求集合 $X=\{1,2,\cdots,n\}$ 的所有非空子集的特征的平均数.

解　设集合 $A\subseteq X$,则集合

$$B=\{n+1-a\mid a\in A\}\subseteq X.$$

所以 $A\longmapsto B$ 是 X 的子集的全体(子集组成的集)Y 到 Y 自身的一一对应.特征的平均数

$$g=\frac{1}{|Y|}\sum_{A\in Y}m(A)=\frac{1}{2|Y|}\sum_{A\in Y}(m(A)+m(B)).$$

注意 A 中最大(小)的数与 B 中最小(大)的数相加得 $n+1$,所以

$$\frac{1}{2}(m(A)+m(B))=\frac{1}{2}\times 2(n+1)=n+1,$$

从而

$$g=\frac{1}{|Y|}\sum_{A\in Y}(n+1)=(n+1)\cdot\frac{1}{|Y|}\sum_{A\in Y}1$$

$$=n+1.$$

8　自然数的因数

【例】　设自然数 n 的(正)因数个数为 $\tau(n)$，因数的和为 $\sigma(n)$. 例如，对于 $n=12=2^2\times3$，有 6 个因数($\tau(12)=6$)，即 $1,2,3,4,6,12$. 因数的和为

$$\sigma(12)=1+2+3+4+6+12=28.$$

证明：

（ⅰ）n 的因数的积为 $n^{\tau(n)/2}$；

（ⅱ）$\tau(n)\leqslant2\sqrt{n}$；

（ⅲ）$\dfrac{\sigma(n)}{\tau(n)}\geqslant\sqrt{n}$.

解

（ⅰ）设集合 $M=\{d\,|\,d\text{ 是 }n\text{ 的因数}\}$. 因为 $\dfrac{n}{d}$ 是自然数，而且是 n 的因数，所以

$$d\mapsto\frac{n}{d}\tag{1}$$

是集合 M 到自身的一一对应(这与上一节的映射类似，只不过那里是 $+$，$-$，现在是 $\times$，$\div$). n 的所有因数的积是(符号 $\prod$ 表示求积)

$$S=\prod_{d\in M}d,$$

它也等于

$$\prod_{d \in M} \frac{n}{d}.$$

将这两个式子相乘,得

$$S^2 = \prod_{d \in M} \left(d \cdot \frac{n}{d} \right) = \prod_{d \in M} n = n^{\tau(n)} \quad (\tau(n) = |M|),$$

所以

$$S = n^{\tau(n)/2}.$$

（ⅱ）因为 $d \cdot \dfrac{n}{d} = n$,所以 d 与 $\dfrac{n}{d}$ 中总有一个 $\leqslant \sqrt{n}$,另一个 $\geqslant \sqrt{n}$. 从而映射（1）也是集合

$$M_1 = \{d \mid d \in M, d \leqslant \sqrt{n}\}$$

到

$$M_2 = \{d \mid d \in M, d \geqslant \sqrt{n}\}$$

的一一对应. 于是 $|M_1| = |M_2|$,且

$$\tau(n) = |M| = |M_1 \cup M_2|$$

$$\leqslant |M_1| + |M_2| = 2|M_1| \leqslant 2\sqrt{n}.$$

（ⅲ）因为 m 个正数的算术平均数不小于它们的几何平均数,所以

$$\frac{\sigma(n)}{\tau(n)} = \frac{1}{\tau(n)} \sum_{d \in M} d \geqslant \sqrt[\tau(n)]{\prod_{d \in M} d} = \sqrt[\tau(n)]{n^{\frac{\tau(n)}{2}}} = \sqrt{n}.$$

点评　在上面的证明中,我们并未用到计算 $\tau(n)$ 与 $\sigma(n)$ 的公式.

计算 $\tau(n)$ 的公式,我们将在第二章第 3 节中介绍. 计算 $\sigma(n)$ 的公式则可以在任何一本初等数论的教科书中找到.

9 国际象棋中的象

【例】 国际象棋中的棋子放在方格中,每只"象"可以吃掉与它在同一斜线上的棋子.

(i) 在 8×8 的普通棋盘上,至多能放多少只互不相吃的象? 在 $n \times n$ 的棋盘上呢?

(ii) 每一种使互不相吃的象的个数达到最大的放法,称为一个最大组. 证明:当 n 为偶数时,最大组的个数是平方数.

解

(i) 在普通的 8×8 的棋盘上至多能放 14 只互不相吃的象,图 1 即是一例.

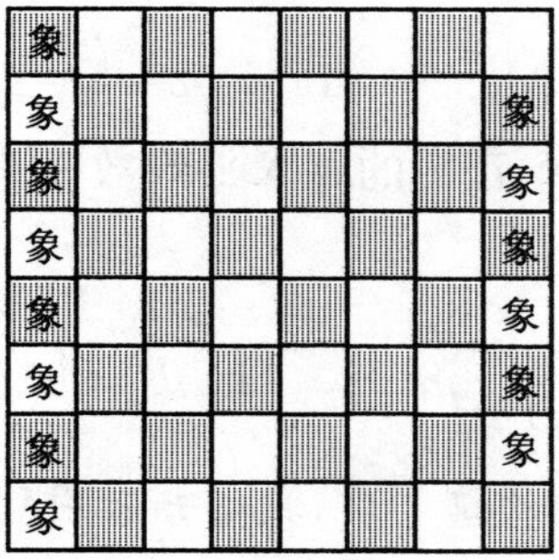

图 1

要证明至多只能放 14 只互不相吃的象,我们把象分成两类:在黑格中的象称为黑象,在白格中的象称为白象(棋盘上通常涂上黑白两种颜色,相邻的方格具有不同的颜色).

从图 1 中可以看出,黑格组成七条(从左上到右下的)斜线,每条斜线上至多放 1 只黑象,因而至多可放 7 只互不相吃的黑象. 同样(由于对称)至多可放 7 只互不相吃的白象. 所以,至多可放

$$7+7=14$$

只互不相吃的象.

在 $n \times n$ 的棋盘上,可放 $2n-2$ 只互不相吃的象(黑象、白象各 $n-1$ 只),证明的细节请读者自己补出.

(ⅱ)当 n 为偶数时,棋盘关于中间的直线左右对称,在这个对称(一一对应)下,黑格变成白格,白格变成黑格. 从而,黑象的最大组与白象的最大组一一对应. 因此,白象的最大组的个数 ω 等于黑象的最大组的个数 b.

因为一个白象的最大组与一个黑象的最大组组成一个象的最大组,共有 ωb 种搭配,所以

$$象的最大组的个数 = \omega \times b = \omega^2$$

是一个平方数.

10　tick-tack-toe

很多小朋友玩过这样的游戏：在一个"井"字形的九个格子中，由甲、乙两个轮流填"○"与"×"，谁先将三个属于自己的符号排成一条直线，便算赢家. 这种游戏在国外称为"tick-tack-toe".

在图 1 中，容易看出只有 8 条直线上可以连出三个符号（横竖各 3 条及对角线 2 条）. 但是，在立方体中，类似的问题并非这样显然.

图 1

【例】　由 $8 \times 8 \times 8$ 个单位立方体组成的，每边都是 8 个单位的立方体中，有多少条直线可以穿过 8 个单位立方体的中心？

解　在这个边长为 8 的立方体外面再加一个"椁"，椁的厚度为 1 个单位，它与这个立方体一起构成一个边长为 10 的立方体. 因而这个椁由

$$10^3 - 8^3 = 488$$

个单位立方体组成.

将这 488 个立方体两两配对,方法如下:设顶面的 $10 \times 10 = 100$ 个立方体,用通常的坐标方法记为

$$(1,1),(1,2),\cdots,(1,10),$$
$$(2,1),(2,2),\cdots,(2,10),$$
$$\cdots\cdots$$
$$(10,1),(10,2),\cdots,(10,10).$$

底面的立方体也采用完全同样的记法.

对于 $2 \leqslant i,j \leqslant 9$,将顶面的立方体 (i,j) 与在它正下方的、底面的立方体 (i,j) 配成一对.

对于 $i=1$ 或 $10, 2 \leqslant j \leqslant 9$,将顶面的立方体 $(1,j)$ 与底面的 $(10,j)$ 配成一对,顶面的立方体 $(10,j)$ 与底面的 $(1,j)$ 配成一对.

对于 $2 \leqslant i \leqslant 9, j=1$ 或 10,将顶面的 $(i,1)$(或 $(i,10)$)与底面的 $(i,10)$(或 $(i,1)$)配成一对.

最后,将顶面的 $(1,1),(10,10),(1,10),(10,1)$ 分别与底面的 $(10,10),(1,1),(10,1)(1,10)$ 配对.

同样的,可以处理左右与前后各面.

每一条穿过原立方体中 8 个单位立方体中心的直线 x 恰好穿过上述立方体对中的一对,反过来,上述的每一对立方体也确定一条符合要求的直线 x(通过这对立方体的中心).

因此,直线 x 与上述立方体对一一对应.从而符合要求的直线有

$$488 \div 2 = 244$$

条.

点评　一般地,对于 $n \times n \times n$ 的立方体,有 $\dfrac{(n+2)^3 - n^3}{2}$ $= (n+2)^2 + n(n+2) + n^2 = 3n^2 + 6n + 4$ 条穿过 n 个单位立方体中心的直线.

11　加德纳的游戏

【例】　马丁·加德纳(Martin Gardner)是《科学美国人》杂志的专栏作家. 他设计了一种游戏：

"两个人轮流从{1,2,3,4,5,6,7,8,9}中取数,每次取一个数,谁所取的数中有三个数的和为 15 就算赢家."

如果第一个人先取 5,那么第二个人应当取什么数呢?

解　这个问题并不容易,如果第二个人取错了,则必输无疑. 正确的取法是在{2,4,6,8}中任取一个数.

为什么?

请注意从{1,2,3,4,5,6,7,8,9}中取三个数,使总和为 15,恰有 8 种情形,它们可以表示成一个三阶幻方：

8	1	6
3	5	7
4	9	2

这个幻方的每一行、每一列及两条对角线上三个数的和都是 15,它代表了上述的 8 种可能.

由此可见,加德纳设计的游戏实际上就是"井"字游戏(tick-tack-toe)：甲、乙两人轮流在幻方上选择数字,谁选的数中有三个数在一条直线上(即和为 15)谁就是赢家.

如果甲选 5 时乙选 1,那么甲选 6. 这时乙必须选 4(否则甲胜). 甲再选 7,这时乙就无法阻挡甲取得胜利. 同样,在甲选 5 时,乙选 3、9 或 7,也不能阻挡甲取胜. 所以乙必须从{2,4,6,8}中取数.

只有发现这两种游戏的对应关系,才能立于不败之地.

12 穿过多少个方格

【例1】 在 $m \times n$ 的棋盘上,从左下角到右上角连一条直线 l,这条直线与多少个方格(单位正方形)的内部有公共点?

解 设左下角为坐标原点,右上角的坐标是 (m, n).

先设 m, n 互素,即设它们的最大公约数为 1. 这时,斜率为 $\frac{n}{m}$ 的直线 l 除了两个端点外,不通过任何一个方格的顶点 (h, k)(否则将有 $\frac{n}{m} = \frac{k}{h}$,而 $h < m$,这与 $\frac{n}{m}$ 是既约分数矛盾).

每一条横线 $y = k (k = 1, 2, \cdots, n-1)$ 与 l 有一个交点,每一条纵线 $x = h (h = 1, 2, \cdots, m-1)$ 也与 l 有一个交点,这些交点互不相同,所以共有

$$(n-1) + (m-1) = m + n - 2$$

个交点. 它们与两个端点将 l 分成 $m+n-1$ 条线段,每一个内部与 l 有公共点的方格对应于一条线段,所以有 $m+n-1$ 个方格的内部与 l 有公共点.

如果 m, n 的最大公约数 $d > 1$,那么 l 经过方格的顶点 $\left(\frac{m}{d}, \frac{n}{d}\right)$, $\left(\frac{2m}{d}, \frac{2n}{d}\right)$, $\left(\frac{3m}{d}, \frac{3n}{d}\right)$, $\cdots$, $\left(\frac{(d-1)m}{d}, \frac{(d-1)n}{d}\right)$. 当它从 $\left(\frac{lm}{d}, \frac{ln}{d}\right)$ 到 $\left(\frac{(l+1)m}{d}, \frac{(l+1)n}{d}\right)$ 时 $(0 \leqslant l \leqslant d-1)$,根据

上一段所说,穿过 $\frac{m}{d}+\frac{n}{d}-1$ 个方格的内部,因此有

$$d\left(\frac{m}{d}+\frac{n}{d}-1\right)=m+n-d$$

个方格的内部与 l 有公共点.

【例 2】　反过来,给定自然数 c,有多少对 (m,n),能使在 $m\times n$ 的棋盘上,从左下角到右上角的直线 l 恰与 c 个方格的内部有公共点?

解　问题即求方程

$$m+n-d=c \tag{1}$$

(d 是 m 与 n 的最大公约数)的正整数解 (m,n) 的个数.

(1)式的左边能被 d 整除,所以右边也能被 d 整除. 设 $m=m'd,n=n'd,c=c'd$,则

$$m'+n'-1=c', \tag{2}$$

其中 m' 与 n' 的最大公约数为 1,c' 为 c 的因数.

因为 m' 与 n' 互素,所以 m' 与 $c'+1$ 互素. 反之亦然. 因此,m' 的个数恰好是 $\varphi(c'+1)$,即小于 $c'+1$ 并且与 $c'+1$ 互素的自然数的个数($\varphi(n)$ 的计算公式见第 7 节例 2). 在给定 c' 后,由(2)式,m' 可唯一确定 n'(有唯一确定的 n' 与 m' 对应). 所以(2)式的解的个数为 $\varphi(c'+1)$.

(1)式的解 (m,n) 与满足(2)式的 (m',n',c') 一一对应. 所以本题的答案是

$$\sum_{c'|c}\varphi(c'+1),$$

这里 $c'|c$ 表示 c' 整除 c,即 $\sum$ 是对 c 的所有(正)因数 c' 求和.

13 恒 等 映 射

【例】 **N** 表示全体自然数所成集合 $\{1,2,\cdots\}$. 求出所有满足下列条件的映射 $f:\mathbf{N}\to\mathbf{N}$.

（ⅰ）f 严格递增（即 $x>y$ 时，$f(x)>f(y)$）；

（ⅱ）$f(2)=2$；

（ⅲ）如果 m,n 互素，那么 $f(mn)=f(m)\cdot f(n)$.

解 恒等映射 $f(n)=n$（所有 $n\in\mathbf{N}$）显然是一个满足要求的映射. 我们猜想仅有这个映射满足要求.

设 f 满足所述要求. 由条件（ⅰ），（ⅱ），$f(1)=1$. 要证明 $f(3)=3$ 稍有困难. 首先由条件（ⅰ），

$$f(15)<f(18),$$

所以，由条件（ⅲ），（ⅰ），

$$f(3)f(5)<f(2)f(9)<f(2)f(10)=f^2(2)f(5).$$

从而，由条件（ⅱ），

$$f(3)<f^2(2)=4,$$

又由条件（ⅰ），得

$$f(3)=3.$$

现在假设对于 $\leqslant n$（这里 $n\geqslant 3$）的自然数 k，均有 $f(k)=k$. 则因为 n 与 $n-1(\geqslant 2)$ 互素，所以

$$f(n(n-1))=f(n)f(n-1)=n(n-1),$$

从而,对于 $\leqslant n(n-1)$ 的自然数 k,均有 $f(k)=k$. 因为当 $n\geqslant 3$ 时,

$$n(n-1)=n^2-n\geqslant 3n-n=2n\geqslant n+1,$$

所以有 $f(n+1)=n+1$. 因此,对一切自然数 k,均有 $f(k)=k$,即 f 是恒等映射.

14   复 合 映 射

如果映射 f 是从集 X 到集 Y 的映射,映射 g 是从集 Y 到集 Z 的映射,那么,从集 X 到集 Z 的映射 h:

$$x \longmapsto g(f(x)) \quad (x \in X)$$

称为 f 与 g 的**复合映射**,记为 gf.

注意:复合映射 gf 不可写成 fg,后者不一定存在.因为 g 是从 Y 到 Z 的映射,而 f 是从 X 到 Y 的映射,除非 $Z \subset X$,fg 才有意义,它是从 Y 到 Y 的映射.一般说来,即使 fg 有意义,它与 gf 也可能不相同.

【例1】 $X = \{1, 2, \cdots, 100\}, Y = \{3, 6, \cdots, 300\}, Z = \{4, 7, 10, \cdots, 301\}$. f 是从 X 到 Y 的映射,$f(x) = 3x$. g 是从 Y 到 Z 的映射,$g(y) = y + 1$. 这时,

$$g(f(x)) = g(3x) = 3x + 1,$$

而 $f(g(y))$ 仅在 $y \leqslant 99$ 时才有意义,它的值为

$$f(g(y)) = f(y + 1) = 3(y + 1) = 3y + 3.$$

【例2】 $X = \{1, 2, \cdots, 100\}, Y = \{1, 2, \cdots, 200\}$. $f: X \to Y$ 定义为:

$$f(x) = 2x \quad (x \in X).$$

$g: Y \to X$ 定义为:

$$g(y)=\begin{cases} \dfrac{y}{2}, & y \text{ 为偶数;} \\[3mm] \dfrac{y+1}{2}, & y \text{ 为奇数.} \end{cases}$$

则 $h=gf$ 是从 X 到 X 的映射,满足

$$h(x) = g(f(x)) = g(2x) = \frac{2x}{2} = x,$$

即 h 是恒等映射.

而 $\varphi = fg$ 是从 Y 到 Y 的映射,满足

$$\varphi(y)=f(g(y))=\begin{cases} f\left(\dfrac{y}{2}\right)=y, & y \text{ 为偶数;} \\[3mm] f\left(\dfrac{y+1}{2}\right)=y+1, & y \text{ 为奇数.} \end{cases}$$

显然,如果 f 是 X 到 Y 的一一对应,g 是 Y 到 Z 的一一对应,那么,复合映射 gf 是 X 到 Z 的一一对应.

15 逆 映 射

设映射 $f:X \to Y$ 是一一对应，则对每个 $y \in Y$，恰有一个 $x \in X$，满足 $f(x) = y$. 使这个 x 与 y 对应，我们便得到一个映射 $g:Y \to X$，满足

$$g(y) = x.$$

这个映射 g 称为"f 的**逆映射**"，它满足

$$g(f(x)) = g(y) = x,$$

及

$$f(g(y)) = f(x) = y.$$

即（从 X 到 X 的）复合映射 gf 与（从 Y 到 Y 的）复合映射 fg 都存在，并且都是恒等映射.

每个一一对应都有逆映射存在，所以一一对应也称为**双射**（意指双方映射）.

上节例 2 中的 f,g 虽然满足 gf 是恒等映射，但它们都不是一一对应.

【例】 X 是三位数的集合，Y 是自然数的集合. $f:X \to Y$ 定义如下：

$$f(x) = 143x \text{ 的末三位数字所成的数}.$$

求下列情况下的 x：

（ⅰ）$f(x) = 637$；

（ⅱ）$f(x) = 894$.

解　令集 Y' 为 x 的像所组成的集合. 我们证明 f 是 X 到 Y' 的一一对应. 映上(满射)是显然的. 要证明 f 是单射,请注意

$$7 \times 143 = 1001$$

(这是本题的关键所在). 如果有 $x, x' \in X$,使

$$f(x) = f(x'),$$

即 $143x$ 与 $143x'$ 的末三位数字相等,那么

$$143(x - x') \text{ 能被 } 1000 \text{ 整除},$$

更有

$$7 \times 143(x - x') = 1001(x - x')$$

能被 1000 整除,从而 $x - x'$ 能被 1000 整除.

但 x, x' 都是三位数,所以必有

$$x = x'.$$

这就表明 f 是单射(当 $x \neq x'$ 时, $f(x) \neq f(x')$).

一一对应 f 有一个逆映射 g. 如果能求出 g,那么就可以由 $f(x)$ 确定出 $x = g(f(x))$.

上面的论证业已暗示逆映射 g 是

$$y \mapsto 7y \text{ 的末三位数字所成的数}.$$

事实上,当 $y = f(x)$ 时,

$$g(y) = 7 \times (143x \text{ 的末三位数字所成的数})$$

$$= 1001x \text{ 的末三位数字所成的数}$$

$$= x.$$

（ⅰ）当 $f(x) = 637$ 时,

$$x = (7 \times 637) \text{ 的末三位数字所成的数} = 459.$$

（ⅱ）当 $f(x) = 894$ 时, $x = 258$.

16 单　射

如果 f 是从集 X 到集 Y 的映射,那么集

$$\{f(x) \mid x \in X\}$$

是像所成的集,通常记为 $f(X)$. $f(X)$ 是 Y 的子集. 如果 $f(X)=Y$,那么 f 就是从 X 到 Y 的满射. 即使 $f(X)\neq Y$, f 不是从 X 到 Y 的满射,但 f 是从 X 到 $f(X)$ 的满射. 因此,我们往往假定 $Y=f(X)$,并且假定 f 是从 X 到 Y 的满射.

如果 f 又是单射,那么 f 就是一一对应,它有逆映射 g. 因此,要证明 f 有逆映射,只要证明 f 是单射.

【例】　给出一个正整数的所有正因数的乘积,是否总能唯一确定这个正整数?

解　在第 8 节中,我们已经知道正整数 n 的正因数的乘积是 $n^{\tau(n)/2}$,其中 $\tau(n)$ 是 n 的正因数的个数. 问题就是要证明映射 f:

$$n \longmapsto n^{\tau(n)/2}$$

有逆映射,也就是要证明 f 是单射.

假定有 $n^{\tau(n)/2}=m^{\tau(m)/2}$,即

$$n^{\tau(n)} = m^{\tau(m)}, \tag{1}$$

那么 n 与 m 的素因数完全相同,并且任一素因数 p 在 n 的(素因数)分解式中的幂指数与在 m 的分解式中的幂指数的

比是 $\tau(m) : \tau(n)$.

如果 $\tau(m) > \tau(n)$，那么任一素因数 p 在 n 的分解式中的幂指数大于 p 在 m 的分解式中的幂指数，从而 n 的因数个数大于 m 的因数个数，即 $\tau(n) > \tau(m)$，这就导致了矛盾. 如果 $\tau(n) > \tau(m)$，同样导出矛盾. 所以必有 $\tau(m) = \tau(n)$. 从而，由式子(1)得 $m = n$，即 f 为单射，n 可由 $n^{\tau(n)/2}$ 唯一确定.

17　密　　码

用 26 个字母 $a,b,c,d,\cdots,y,z$ 可以组成很多单词,但在很多场合(例如军事上),这些单词不能直接发出,需要先换成密码. 所谓密码,其实就是一种映射.

【例1】　据说罗马的恺撒大帝使用过这样的密码:将每个字母换成字母表中在它后面三个位置的字母,即采用映射 f:

$$a \mapsto d, b \mapsto e, \cdots, w \mapsto z, x \mapsto a, y \mapsto b, z \mapsto c.$$

这样,"$dwarf$"用密码发出时便成为"$gzdui$".

为了译出密码,我们只需将每个字母换成在它前面三个位置的字母,即采用 f 的逆映射 g:

$$d \mapsto a, e \mapsto b, \cdots, z \mapsto w, a \mapsto x, b \mapsto y, c \mapsto z.$$

【例2】　事先取定一个"单词",例如 math,作为"钥匙". 这里 m 表示后移 13 位(因为 m 是第 13 个字母),a 表示后移 1 位,t 表示后移 20 位,h 表示后移 8 位.

这样,"He died yesterday"可以用下面的方法(映射 f)变为密码发出:

$$
\begin{array}{llllllllllllllll}
H & e & d & i & e & d & y & e & s & t & e & r & d & a & y \\
m & a & t & h & m & a & t & h & m & a & t & h & m & a & t \\
u & f & x & q & r & e & s & m & f & u & y & z & q & b & s
\end{array}
\quad(+.
$$

$H+m$ 表示 H 后移 13 位变为 u,$e+a$ 表示 e 后移 1 位变为

f, 依此类推.

如果知道钥匙 math, 密码

$$uf xqresm fuyzqbs$$

是不难破译的. 只需用逆映射 g 即可:

u	f	x	q	r	e	s	m	f	u	y	z	q	b	s
m	a	t	h	m	a	t	h	m	a	t	h	m	a	t
h	e	d	i	e	d	y	e	s	t	e	r	d	a	y

(一.

【例3】　近年来, 出现了一种"公开密钥". 方法是取两个大素数 p, q, 作出乘积 $r=pq$. 再取一个与 $(p-1)(q-1)$ 互素的数 $s. r, s$ 是钥匙, 可以公之于众, 所以称为公开密钥.

对于每个数 x(字母 $a, b, \cdots, z$ 与数 $1, 2, \cdots, 26$ 一一对应, 所以每个字母都是"数", 即用相应的数来代替它), 将 x^s 除以 r 所得的余数 y 发出. 根据数论, 收方只要知道一个数 t, 这里 t 满足条件: $ts-1$ 能被 $(p-1)(q-1)$ 整除, 就可以采用逆映射: 将 y^t 除以 r, 求出余数, 这个余数就是 x.

"敌人"虽然知道 y 及公开密钥 r, s, 但当 p, q 很大时, r 难于分解, 所以无法求出 p, q, 也无法定出 t, 因此无法进行破译.

一般说来, 密码是一个映射 f, 将 x 变为 $y=f(x)$. 译码就是设法找出逆映射 g, 使 $g(y)=x$.

18 魔 术 师

【例】 魔术师的助手要求观众将 n 个数字写成一行,然后助手盖住某两个相邻的数字. 为了保证魔术师猜出结果(数字及顺序),求 n 的最小值.

解 每个 n 位数被助手映射为被盖住相邻两位的 n 位数. 如果这个映射是单射,那么魔术师就可以由像推出原像.

n 位数共 10^n 个,即原像共 10^n 个. 因为是单射,像的个数必须 $\geqslant 10^n$.

像的集合中的元素是被盖住相邻两位的 n 位数,这种元素的个数为

$$(n-1) \times 10^{n-2}$$

(盖住相邻两位的办法有 $n-1$ 种. 盖住两位后,其余 $n-2$ 位有 10^{n-2} 种). 由

$$(n-1) \times 10^{n-2} \geqslant 10^n,$$

得

$$n \geqslant 101,$$

即当 $n < 101$ 时,映射不可能是单射,从而不能保证魔术师可以猜出结果.

另一方面,对于 $n = 101$,魔术师可以猜出结果. 为此,将 101 个数位自左至右编为 1 至 101 位. 设所有偶数位上的数

字和除以 10,所得余数为 $s(0 \leqslant s \leqslant 9)$,而所有奇数位上的数字和除以 10,所得余数为 $t(0 \leqslant t \leqslant 9)$.魔术师与助手约定,盖住第 $10s+t+1$ 位与第 $10s+t+2$ 位($10s+t+2 \leqslant 10 \times 9+9+2=101$).

　　魔术师一看所盖的位置,就能知道 s 与 t 的值(比如说盖住第 54,55 位,则 $s=5$,$t=3$).而只要知道 s,就能算出被盖的偶数位上的数字 x(用 s 减去其他偶数位上的数字的和,再连续加上 10,加到结果在 0 与 9 之间时,就是 x 的值),知道 t,就能算出被盖住的奇数位上的数字 y.

19 让你猜不出

【例】 甲计算整数 81 至 99 中每一个数的阶乘的倒数,将所得的十进制小数分别打印在 19 张无限长的纸条上(例如在最后一张纸条上打印的数是 $\frac{1}{99!}=0.00\cdots0010715\cdots$,小数点后有连续的 155 个 0). 乙从其中的一张纸条上剪下一段,上面恰好有 n 个数字,并且不带小数点. 如果乙不想让甲猜出他是从哪张纸条上剪下的,那么 n 的最大值是多少?

解 $\frac{1}{81!},\frac{1}{82!},\cdots,\frac{1}{99!}$ 各有一个像,即其小数表示中的长为 n 的一段.

如果这个映射是单射,那么每个像都有一个唯一的原像. 因此,乙不想让甲猜出原像是多少,所说的映射一定不是单射. 换句话说,必有 $\frac{1}{k!}$ 与 $\frac{1}{l!}$ ($81\leqslant k<l\leqslant99$),两个数的小数表示中,有一段长为 n 的部分完全相同.

将 $\frac{1}{k!}$,$\frac{1}{l!}$ 分别乘以 10 的适当方幂后,可以使得相同的那一段恰从小数后第一位开始. 于是有正整数 a,b,使

$$\left|\frac{10^a}{k!}-\frac{10^b}{l!}\right|$$ 的小数部分 $\leqslant \frac{1}{10^n}.$

但对于 $81<l\leqslant99$,显然 $l\nmid10^b$,所以通分后,左边的分子

$$10^a(k+1)(k+2)\cdots l - 10^b$$

不能被分母 $l!$ 整除,从而

$$\frac{1}{99!} \leqslant \frac{1}{l!} \leqslant \frac{1}{10^n}.$$

由已知给出的例子,$\dfrac{1}{99!} > \dfrac{1}{10^{156}}$,所以

$$n < 156,$$

即 $n \geqslant 156$ 时,所说映射是单射.

n 的最大值为 155. 事实上,

$$\frac{1}{99!} = 0.\underbrace{0\cdots0}_{155个}10715\cdots$$

$$\frac{1}{98!} = \frac{100}{99!} - \frac{1}{99!}$$

$$= 0.\underbrace{0\cdots0}_{153个}10715\cdots - 0.\underbrace{0\cdots0}_{155个}10715\cdots$$

$$= 0.\underbrace{00\cdots00}_{153个}106\cdots$$

两者有由 155 个数字组成的相同的片断 $\underbrace{00\cdots0010}_{153个}$.

20   一个较复杂的例子

在前面各节中,很容易验证映射是否一一对应.下面的例子则较为复杂.

【例】 对每个自然数 n,令 $f(n)=m$,这里 m 满足两个条件:

(ⅰ)存在一个递增的自然数数列

$$n = a_1 < a_2 < \cdots < a_k = m,$$

使乘积

$$a_1 a_2 \cdots a_k = \text{平方数}$$

(这样的数列总是存在的,例如 $n \times 4n = (2n)^2$);

(ⅱ)m 是使(ⅰ)成立的最小的自然数(例如 $f(1)=1$,$f(2)=6$ $(2 \times 3 \times 6 = 6^2)$,$f(3)=8$ $(3 \times 6 \times 8 = 3^2 \times 4^2)$,$f(4)=4$,$f(8)=15$ $(8 \times 10 \times 12 \times 15 = 8^2 \times 5^2 \times 3^2)$).

证明:f 是从自然数集到集合 $\{1\} \cup \{$合数$\}$ 的一一对应.

解 首先证明当 $n>1$ 时,$f(n)$ 是合数.

用反证法.假如 $f(n)=$ 素数 p,那么在乘积

$$a_1 a_2 \cdots a_k \quad (n = a_1 < a_2 < \cdots < a_k = p)$$

中,p 的幂指数为 1,从而 $a_1 a_2 \cdots a_k$ 不是平方数,与(ⅰ)矛盾.

其次,我们证明 f 是单射.仍用反证法.假设有自然数 $a < b$,满足

$$f(a) = f(b) = m,$$

那么,由 m 的定义(ⅰ),存在自然数数列

$$a = a_1 < a_2 < \cdots < a_k = m$$

与

$$b = b_1 < b_2 < \cdots < b_h = m,$$

使乘积 $a_1 a_2 \cdots a_k$ 与 $b_1 b_2 \cdots b_h$ 都是平方数.

集合 $S = \{a_1, a_2, \cdots, a_k\}$ 与 $T = \{b_1, b_2, \cdots, b_h\}$ 当然是不同的(因为 $a \in S \backslash T$). 考虑那些只属于 S 与 T 中一个的那些元素,设它们为

$$a = c_1 < c_2 < \cdots < c_r,$$

显然 $c_r < m$(因为 $m \in S \bigcap T$).

因为 $a_1 a_2 \cdots a_k$ 与 $b_1 b_2 \cdots b_h$ 为平方数,所以乘积

$$a_1 a_2 \cdots a_k b_1 b_2 \cdots b_h$$

也是平方数. 每个既属于 S 又属于 T 的数在这乘积中出现两次,所以,将这些数删去后,剩下的数的乘积仍是平方数. 而这就是说,

$$c_1 c_2 \cdots c_r$$

是平方数.

因为 $c_1 = a < c_2 < \cdots < c_r$ 满足(ⅰ),所以

$$f(a) \leqslant c_r < m.$$

这与 $f(a) = m$ 矛盾! 这表明 f 一定是单射.

最后,证明 f 是满射.

设 m 是一个合数,要证明存在一个自然数 n,满足 $f(n) = m$. 为此,取自然数 n 满足两个条件(试与(ⅰ),(ⅱ)比较):

（Ⅰ）存在递增的自然数数列

$$n = b_1 < b_2 < \cdots < b_h = m,$$

使乘积

$$b_1 b_2 \cdots b_h = 平方数$$

（这样的 n 总是存在的. 因为 m 可表为

$$m = p_1 p_2 \cdots p_j t^2,$$

其中 $p_1 < p_2 < \cdots < p_j$ 都是素数,所以

$$m \times p_j \times p_{j-1} \times \cdots \times p_1 = (p_1 p_2 \cdots p_j t)^2).$$

（Ⅱ）n 是使（Ⅰ）成立的最大的自然数.

由 f 的定义（条件（ⅰ）,（ⅱ））,显然有 $f(n) \leqslant m$. 如果 $f(n) < m$,那么存在自然数数列

$$n = a_1 < a_2 < \cdots < a_k = f(n),$$

且

$$a_1 a_2 \cdots a_k = 平方数.$$

和前面类似,现考虑仅属于 $S = \{a_1, a_2, \cdots, a_k\}$ 与 $T = \{b_1, b_2, \cdots, b_h\}$ 中一个的那些元素 $c_1 < c_2 < \cdots < c_r$. 显然 $c_1 > n$（因为 $n \in S \bigcap T$）,$c_r = m$. 而用与前面同样的推理,可知

$$c_1 c_2 \cdots c_r = 平方数.$$

这与（Ⅱ）矛盾! 所以 $f(n) = m$,即 f 是满射.

综上所述,f 是从自然数集到 $\{1\} \bigcup \{合数\}$ 的一一对应.

点评　仅属于集合 S, T 中一个的那些元素组成的集合,通常称为 S 与 T 的对称差,记为 $S \Delta T$,即

$$S \Delta T = (S \backslash T) \bigcup (T \backslash S).$$

二、计　数

1　阿凡提的驴

国王说:"阿凡提,你能说出我头上有多少根头发吗?"

阿凡提握住毛驴的尾巴摇了摇,"你的头发恰好和这毛驴尾巴上的毛一样多".

国王没能难倒阿凡提.

阿凡提懂得一种重要的**计数方法——对应原理**:

为了算出某种对象(例如国王的头发)的个数,除了直接计算外,人们也常常采用间接的方法(尤其在直接计算有较大困难时),即先去计算另一种对象(例如毛驴尾巴上的毛)的个数. 如果知道这两种对象之间存在着一种对应关系,通常是一一对应(即两种对象一样多)或倍数映射,那么只要算出一种,借助于对应关系,另一种的个数也就立即得出了. 这是组合数学中常用的技巧. 在上一讲中已经有这样的例子,本讲将这一原理与其他计数方法(乘法原理、加法原理、排列、组合、允许重复的组合等等)结合起来,介绍更多的例题,俾使读者掌握这一方法.

2 乘 法 原 理

【例1】 一个团辖 3 个营,每个营辖 3 个连,每个连辖 3 个排. 问:一个团辖多少个排?

解 一个团辖

$$3 \times 3 \times 3 = 27$$

个排.

【例2】 从甲地到乙地有 3 种走法,从乙地到丙地有 4 种走法. 问:从甲地先到乙地,再从乙地到丙地有多少种不同的走法?

解 共有

$$3 \times 4 = 12$$

种走法.

点评 一般地,设做第一件事有 l 种方法,第一件事做完后再做第二件事有 m 种方法,第二件事做完后再做第三件事有 n 种方法…… 则顺次做第一件事,第二件事,第三件事,……共有 $l \times m \times n \times \cdots$ 种方法. 这称为**乘法原理**,是计数问题中的一条基本原理.

【例3】 用数字 0,1,2,3,4,5,6,7 可以组成多少个三位数(数字允许重复)?

解 百位数字有 7 种选法(0 不能在首位),十位数字与

个位数字各有 8 种选法,所以共可以组成

$$7 \times 8^2 = 448$$

个三位数.

【例 4】 n 个符号,每个符号可以使用任意多次,能组成多少个长为 m 的"词"——由 m 个符号(可以有相同的)组成的序列?

解 第一位,第二位,……,第 m 位均有 n 种取法,所以共有 n^m 个长为 m 的词.

点评 例 4 的问题常常称为从 n 个元素中取 m 个元素的允许重复的排列.

3 因数的个数

如果自然数 n 的素因数分解式是

$$n = p_1^{\alpha_1} p_2^{\alpha_2} \cdots p_k^{\alpha_k}, \tag{1}$$

其中 $p_1 < p_2 < \cdots < p_k$ 是素数，$\alpha_1, \alpha_2, \cdots, \alpha_k$ 是自然数，那么形如

$$p_1^{\beta_1} p_2^{\beta_2} \cdots p_k^{\beta_k} \tag{2}$$

的数（其中 β_i 是非负整数，$\beta_i \leqslant \alpha_i$，$i = 1, 2, \cdots, k$）都是 n 的因数. 反过来，n 的因数也必定是形如(2)的数.

因为 β_1 有 $\alpha_1 + 1$ 种选择（即 $0, 1, 2, \cdots, \alpha_1$），$\beta_2$ 有 $\alpha_2 + 1$ 种选择，$\cdots\cdots$，β_k 有 $\alpha_k + 1$ 种选择，所以 n 的（正）因数的个数是

$$\tau(n) = (\alpha_1 + 1)(\alpha_2 + 1) \cdots (\alpha_k + 1).$$

【例】 76403250 有多少个因数？

解

$$76403250 = 2 \times 3^4 \times 5^3 \times 7^3 \times 11.$$

所以，

$$\tau(76403250) = (1+1)(4+1)(3+1)(3+1)(1+1)$$
$$= 320.$$

4 映射的个数

【例1】 从 n 元集 $X = \{x_1, x_2, \cdots, x_n\}$ 到 m 元集 $Y = \{y_1, y_2, \cdots, y_m\}$，有多少个不同的映射？

解 x_1 的像可以为 $y_1, y_2, \cdots, y_m$ 中任一个，即有 m 种选择，x_2 的像也有 m 种选择，……根据乘法原理，共有 m^n 个从集 X 到 Y 的映射.

【例2】 n 元集 $X = \{x_1, x_2, \cdots, x_n\}$ 有多少个子集？

解 设集 M 是 X 的子集，则从 X 到集 $\{0,1\}$ 的映射 f_M：

$$f_M(x) = \begin{cases} 1, & \text{若 } x \in M; \\ 0, & \text{若 } x \notin M. \end{cases}$$

由 M 唯一确定(若集 $M' \neq M$ 也是 X 的子集，则至少有一个元素 x 仅属于 M、M' 中的一个，于是像 $f_M(x)$ 与 $f_{M'}(x)$ 不同. $f_M(x)$ 通常称为集 M 的**特征函数**.

反过来，任意一个从集 X 到 $\{0,1\}$ 的映射 f，有一个唯一确定的集

$$M = \{x \mid x \in X, f(x) = 1\}.$$

显然 f_M 就是 f. 所以 X 的子集与从 X 到 $\{0,1\}$ 的映射一一对应，从而 X 的子集个数就是 X 到 $\{0,1\}$ 的映射个数 2^n(在例1中取 $m=2$).

注意:空集$\varnothing$是每一个集合的子集.它的特征函数是零映射 $f(x)=0$(对所有 $x\in X$),而集合 X 本身的特征函数是 $f(x)=1$(对所有 $x\in X$).

【例3】　集 $X=\{x_1,x_2,\cdots,x_n\}$有多少个子集含偶数个元素?有多少个子集含奇数个元素?

解　含偶数个元素的子集与含奇数个元素的子集个数相等,即均为子集总数的一半 2^{n-1}.因此可以想到这两者之间应当存在着一一对应.

现在我们来建立这种对应.

如果 n 是奇数,对于任意一个元素为偶数的集合 $M\subseteq X$,令映射 φ 为:
$$M\mapsto X\backslash M.$$
由于集 $X\backslash M$ 的元数等于 $n-|M|$,是一个奇数,所以 φ 是集
$$A=\{M\mid M\subseteq X\ 并且\ |M|=偶数\}$$
到集
$$B=\{M\mid M\subseteq X\ 并且\ |M|=奇数\}$$
的映射.这是一一对应,所以
$$|A|=|B|=\frac{1}{2}\times 2^n=2^{n-1}. \tag{1}$$

遗憾的是,当 n 为偶数时,这一方法不适用.所以,需要有另一种对应方法.

我们将 A 中元素,即 X 的含偶数个元素的子集 M,分为两类,第一类中的 M 含元素 x_1,第二类中的 M 不含 x_1.定义

映射 ψ 为

$$\psi(M) = \begin{cases} M\backslash\{x_1\}, & x_1 \in M; \\ M\bigcup\{x_1\}, & x_1 \notin M. \end{cases}$$

不论哪一种情况,$\psi(M)$ 总是含奇数个元的集合. 即 ψ 是从 A 到 B 的映射.

容易验证:ψ 是一一对应,所以式子(1)仍然成立.

5 吃巧克力的方案

【例】 n 块相同的巧克力, 小苹每天至少吃一块, 直至吃完. 问: 有多少种不同的吃巧克力的方案?

解 将 n 块巧克力排成一行. 如果第一天吃 3 块, 第二天吃 4 块, …… 那么, 就在第 3 块后面画一条竖线, 在竖线后面的第 4 块的后面(即第 7 块的后面)画一条竖线, ……

这样, 吃巧克力的方案就变成(被映射成)在 n 块巧克力之间的 $n-1$ 个空隙里添加竖线, 每个空隙里可以加 1 根竖线, 也可以不加.

由于每个空隙都有两种处理方法: 加竖线或者不加, 所以, 由乘法原理, 共有

$$\underbrace{2 \times 2 \times \cdots \times 2}_{n-1\text{个}} = 2^{n-1}$$

种. 这恰好是 $n-1$ 元集的子集的个数, 因而, 两者之间应当存在着一一对应. 事实上, 如果将 $n-1$ 个空隙从左到右编上号码 $1, 2, \cdots, n-1$, 那么集 $\{1, 2, \cdots, n-1\}$ 的每一个子集就是一个吃巧克力的方案, 即对于这个子集的每个元素 k, 在编号为 k 的空隙画一条竖线. 反过来, 每个吃巧克力的方案产生 $\{1, 2, \cdots, n-1\}$ 的一个子集, 即由画竖线的那些空隙的编号所组成的集.

这种在空隙处添加竖线的方法, 后面还会出现.

6 排 列

【**例1**】 从 m 个元素中选出 n 个元素(不能重复选取)排成一列,有多少种不同的方法?

解 从 m 个元素中选出一个元素排在(左起)第一个位置上,有 m 种方法.

在剩下的 $m-1$ 个元素中选出一个元素排在第二个位置上,有 $m-1$ 种方法.

在剩下的 $m-2$ 个元素中选出一个元素排在第三个位置上,有 $m-2$ 种方法.

……

最后,在剩下的 $m-(n-1)=m-n+1$ 个元素中选出一个元素排在第 n 个位置上,有 $m-n+1$ 种方法.

因此,根据乘法原理,共有

$$m(m-1)\cdots(m-n+1) \tag{1}$$

种从 m 个元素中选 n 个元素排成一列的方法.

公式(1)就是计算(从 m 个元素中选 n 个元素的)排列的公式.其中约定 $m\geqslant n$. 当 $m=n$ 时,公式(1)成为

$$m(m-1)\cdots\times1, \tag{2}$$

这通常称为**全排列公式**.公式(2)也常常简记为 $m!$(读做"m 的阶乘").通常约定 $0!=1$. 于是,公式(1)也可写成

$$\frac{m!}{(m-n)!}. \tag{3}$$

【例2】　在国际象棋棋盘（8×8 的棋盘）上放 8 只"车"，使这些"车"互不相吃，即每两只"车"不在同一行也不在同一列，有多少种不同的放法？

解　设这些"车"的坐标为

$$(1,i_1),(2,i_2),\cdots,(8,i_8)$$

（即第一行第 i_1 个方格，第二行第 i_2 个方格，……），则 i_1，$i_2,\cdots,i_8$ 互不相同，它们是 $1,2,\cdots,8$ 的一个排列. 反之，1，$2,\cdots,8$ 的每一种排列 $i_1,i_2,\cdots,i_8$，确定这些"车"的坐标，因而共有 8! 种不同的放法.

7 河　马

【例】　用单词 $hippopotamus$（河马）的 12 个字母,问答下列问题:

（ⅰ）可以产生多少个不同的排列?

（ⅱ）字母 a,i,u 依照这一顺序出现(不要求它们相邻)的有多少?

（ⅲ）3 个 p 相连的排列有多少个?

（ⅳ）至少有两个 p 相连的排列有多少个?

解　（ⅰ)我们暂且把 $hippopotamus$ 中的三个 p 看作是不同的字母 p_1,p_2,p_3,两个 o 看作是 o_1,o_2.这样,由全排列公式,共有 12! 种排列.

取消 p_1,p_2,p_3,o_1,o_2 的下标.这实际上是一种映射,从有下标的排列到无下标的排列的映射.

因为 p_1,p_2,p_3 有 3! 种排列,o_1,o_2 有 2! 种排列,所以在上述映射(取消下标)下,每 3! ×2! 个有下标的排列映射成同一个无下标的排列,即这个映射是倍数映射,所以本题的答案(无下标的排列个数)是

$$\frac{12!}{2!3!} = 39916800.$$

点评　一般地,用上面的方法可以证明:用 l 个 a,m 个

b, n 个 $c, \cdots\cdots$ 排成一列, 有

$$\frac{(l+m+n+\cdots)!}{l!\,m!\,n!\cdots}$$

种方法. 这就是**有重复元素的全排列公式.**

（ⅱ）a, i, u 有 3! 种不同的排列, 因此, 在（ⅰ）中所得的 $\dfrac{12!}{3!\,2!}$ 个排列中, 每 3! 个排列里有 1 个排列, a, i, u 是依照这样的顺序（保留其他字母的位置, 而将 a, i, u 排来排去, 共得 3! 个排列）, 所以（这又是一个与倍数映射有关的问题）本题答案是 $\dfrac{12!}{3!\,2!\,3!} = 6652800.$

（ⅲ）我们将三个 p 当作一个字母 p, 这样共有 10 个字母, 其中有两个字母是相同的 o. 于是由有重复元素的排列, 本题答案是

$$\frac{10!}{2!} = 1814400.$$

（ⅳ）将两个相连的 p 当作一个大写字母 P, 这样共有 11 个字母, 其中有两个 o, 一个 P, 一个 p. 这些元素的排列有

$$\frac{11!}{2!} = 19958400$$

个.

将 P"还原"为两个 p（这也是一种映射）, 这时上面的 19958400 个排列中, 凡 p 与 P 相邻的, 无论 p 是 P 的左邻还是右邻, 都变成同一种, 即 3 个 p 连在一起的那种, 而其余的排列则仍互不相同, 它们是恰有两个 p 连在一起的全部排列, 于是本题的答案应当是从 19958400 中减去 3 个 p 连在

一起的排列数(因为它们被算了两次),即

$$19958400-1814400=18144000.$$

点评　另一种解法是考虑从至少有两个 p 相连的排列到三个 p 相连的排列的映射.方法是将另一个 p 移至两个相连的 p 的前面.因为第三个 p 原来的位置有 10 种可能,所以这是一个倍数为 10 的倍数映射.故答案为

$$1814400\times10=18144000.$$

当然还可以有第三种,第四种,……解法,这里就不一一列举了.

8　圆周上的排列

【例1】　在圆周上排列 n 个不同的元素,有多少种方法?

解　我们已经知道,在直线(段)上 n 个不同元素的排列有 $n!$ 种. 对于每一种排列,我们将直线两端连起来,卷成一个圆周,使直线上从左到右的方向变为圆周上的顺时针方向,这就产生一个圆周上的排列. "卷"是直线上的排列到圆周上的排列的一种映射. 这是倍数为 n 的倍数映射. 因为 n 个直线排列

$$(a_1,a_2,\cdots,a_{n-1},a_n),(a_2,a_3,\cdots,a_n,a_1),$$
$$\cdots,(a_n,a_1,\cdots,a_{n-2},a_{n-1})$$

的像是同一个(圆周上的排列),所以圆周上的排列的个数是

$$\frac{1}{n}\times n!=(n-1)!.$$

【例2】　26 个英文字母排在圆周上,要求从 x(沿顺时针方向前进)到 y 中间经过 6 个字母(不包括 x 与 y 在内),有多少排法?

解法一　先将 x,y 放在圆周上,然后选 6 个字母排在从 x 到 y 这段弧上,这是从 24 个字母中选 6 个的直线排列,共有 $\dfrac{24!}{18!}$ 种. 最后,剩下的 18 个字母排在从 y 到 x 这段弧上,共有 18! 种方法. 所以,由乘法原理,本题答案为

$$\frac{24!}{18!} \times 18! = 24!.$$

解法二　除 x,y 外的 24 个字母排在圆周上,有 23! 种方法. x 可放在任两个字母之间,这有 24 种方法. x 放好后,y 的位置也就唯一确定. 因而答案是

$$24 \times 23! = 24!.$$

解法三　对于每一种合乎要求的排法,将圆周自 x 处剪开,展成一条直线(段),使圆周上的顺时针方向变为直线上从左到右的方向. 将 x 与 y 除去,我们得到一个 24 个字母的(直线)排列. 这样的剪开拉直,是一种映射,而且是一一对应,所以本题的答案是 24!.

点评　我们可以从不同的角度去考察同一个问题,因而产生各种不同的解法. 计数问题是这样,其他的数学问题也是这样.

9 组 合

【例1】 $M=\{a_1,a_2,\cdots,a_m\}$ 是 m 元集,它有多少个 n 元子集($n\leqslant m$)? 换句话说,从 m 个元素中取出 n 个元素(不许重复),有多少种不同的方法?

解 从 m 个元素中取 n 个的排列,有 $\dfrac{m!}{(m-n)!}$ 个. 如果不考虑这 n 个元之间的顺序,那么它们就组成一个 n 元子集,因此"忽略顺序"是从排列到组合(集合)的一个映射. 因为 n 个元素有 $n!$ 种(全)排列,所以上述映射是一个倍数为 $n!$ 的倍数映射,即每 $n!$ 个排列的像是同一个组合(n 元集). 因此本题答案是

$$C_m^n = \frac{m!}{n!(m-n)!}. \tag{1}$$

C_m^n 表示"从 m 个元素中取 n 个的组合数",亦即 n 元子集数,也常常记为 $\begin{bmatrix} m \\ n \end{bmatrix}$.

约定当 $n=0$ 时,$C_m^n=1$. 又约定:当 $n>m$ 或 n 为负整数时,$C_m^n=0$.

公式(1)表示 n 元子集的个数,当然是整数. 所以,任意 n 个连续自然数的乘积 $m(m-1)\cdots(m-n+1)$,能被前 n 个自然数的乘积 $n!$ 整除.

【例2】　m 个队进行循环赛,每两个队之间比赛一场,一共比赛多少场?

解　令 M 为 m 个队所成的集合.每场比赛对应于集 M 的一个二元子集,所以,比赛的场数等于 M 的二元子集的个数,即 C_m^2.

点评　类似地,平面上 m 个点,每两个点用一条线段相连,一共连成 C_m^2 条线段(通常称为完全图).所以,m 个点的完全图有 C_m^2 条边.

由此,也可以得出凸 m 边形有

$$C_m^2 - m = \frac{m(m-1)}{2} - m = \frac{1}{2}m(m-3)$$

条对角线.

【例3】　圆周上有 $m(\geqslant 3)$ 个点,每两点连一条弦.如果没有三条弦交于一点(端点除外),这些弦在圆内一共有多少个交点?

解　圆上每 4 个点构成一个凸四边形,它的对角线(弦)交于一点.因此每 4 个点组成的集合对应于一个交点.因为没有三条弦交于一点,所以不同的四元集对应于不同的交点.反过来,设点 P 是弦 AC 与 BD 的交点,则 P 是与四元集 $\{A,B,C,D\}$ 对应的点.所以,交点的个数就是这 m 个点的四元子集的个数 C_m^4.

【例4】　设直线 $l_1 /\!/ l_2$,在 l_1 上取 n_1 个点,在 l_2 上取 n_2 个点.将 l_1 上取的点与 l_2 上取的点两两相连.如果所得线段中每三条不相交于同一点,问:在 l_1,l_2 所夹的带形区域 D

中,这些线段有多少个交点?

解　l_1 上一对点 A_1,B_1 与 l_2 上一对点 A_2,B_2 构成一个梯形,它的对角线产生一个在 D 中的交点.

l_1 上有 $C_{n_1}^2$ 个点对,l_2 上有 $C_{n_2}^2$ 个点对,它们一共产生 $C_{n_1}^2 \times C_{n_2}^2$ 个梯形,这也就是本题的答案.

【例 5】　m 个球中有 k 个是完全相同的白球,其余的是完全相同的黑球,将它们排成一列,有多少种不同的排法?

解法一　由有重复元素的排列,可知答案为

$$\frac{m!}{k!(m-k)!}.$$

解法二　本题也就是从 m 个位置中取出 k 个位置放白球,因而答案为 C_m^k.

点评　如果考虑从 m 个位置中取 $m-k$ 个放黑球,那么答案为 C_m^{m-k}.用两种不同的方法计算同一种对象的个数,所得的结果应当相同,因而产生一个等式

$$C_m^k = C_m^{m-k}, \tag{2}$$

这也可由公式(1)直接推出.

10　加　法　原　理

如果集合 A 可以分拆为子集 $A_1, A_2, \cdots, A_k$，也就是说，
$$A_1 \bigcup A_2 \bigcup \cdots \bigcup A_k = A;$$
并且
$$A_i \bigcap A_j = \varnothing \quad (i,j = 1,2,\cdots,k; i \neq j),$$
那么
$$|A| = |A_1| + |A_2| + \cdots + |A_k|.$$

这称为**加法原理**.

【例1】 在 8×8 的棋盘上剪下一个由四个小方格组成的凸字形（如图1），有多少种不同的剪法？

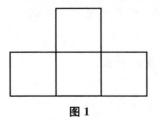

图1

解 我们把凸字形上面的那个小方格称为它的头. 显然，每个凸字形恰有一个头.

凸字形可以分作两类. 第一类的头在棋盘的边框. 因为棋盘的 4 个角不能充当凸字形的头，而边框上其余的方格共 $4 \times 6 = 24$ 个，其中每个都可以充当一个凸字形的头，所以第

一类的凸字形有 24 个.

第二类凸字形的头在棋盘内部. 棋盘内部有 $6 \times 6 = 36$ 个方格,每个方格可以充当 4 个凸字形的头,所以第二类凸字形有 $4 \times 36 = 144$ 个.

由加法原理,共有

$$24 + 144 = 168$$

种不同的剪法.

点评　对于 $m \times n$ 的棋盘,答案是

$$2(m-2) + 2(n-2) + 4(m-2)(n-2).$$

【**例 2**】　证明：$C_m^n + C_m^{n-1} = C_{m+1}^n.$　　　　　　　(1)

解　公式(1)称为"组合恒等式"或"贾宪－杨辉恒等式". 在国外,也常常称为"帕斯卡(B. Pascal)恒等式". 它可以用上节计算组合数的公式(1)直接证明. 但我们宁愿采取另一途径,即上节例 5 已经说到的一个重要思想：用两种不同的方法来计算同一个对象的个数,可以产生一个等式.

这里要计算的对象是 $m+1$ 元集 $\{a_1, a_2, \cdots, a_{m+1}\}$ 的 n 元子集的个数 s. 由上一节,

$$s = C_{m+1}^n.$$

另一方面,n 元子集可以分为两类,第一类的子集含有元素 a_{m+1},第二类不含 a_{m+1}. 第一类的 n 元子集可以看作是 m 元集 $\{a_1, a_2, \cdots, a_m\}$ 的 $n-1$ 元子集添加一个元素 a_{m+1} 而得到的,所以第一类子集的个数就等于 m 元集 $\{a_1, a_2, \cdots, a_m\}$ 的 $n-1$ 元子集的个数,即 C_m^{n-1}. 第二类的子集则是 m 元集 $\{a_1, a_2, \cdots, a_m\}$ 的 n 元子集,因而共有 C_m^n 个. 两类子集共 $C_m^{n-1} + C_m^n$ 个,这也就是 s,所以公式(1)成立.

【**例 3**】　证明：$C_r^r + C_{r+1}^r + C_{r+2}^r + \cdots + C_m^r = C_{m+1}^{r+1}$.　　　(2)

　　解　可以利用公式(1)，或上节的公式(1)来证明. 不过，我们还是采用上面的思想，用两种方法去计算 $m+1$ 元集 $\{a_1, a_2, \cdots, a_{m+1}\}$ 的 $r+1$ 元子集的个数 s. 一方面，显然有 $s = C_{m+1}^{r+1}$，另一方面，这些 $r+1$ 元子集可以分为以下的类：

　　第 1 类是含 a_{m+1} 的 $r+1$ 元子集，其个数等于 m 元集 $\{a_1, a_2, \cdots, a_m\}$ 的 r 元子集的个数，即 C_m^r.

　　第 2 类是不含 a_{m+1}，但含 a_m 的 $r+1$ 元子集，其个数等于 $\{a_1, a_2, \cdots, a_{m-1}\}$ 的 r 元子集的个数，即 C_{m-1}^r.

　　第 3 类是不含 a_{m+1} 与 a_m，但含 a_{m-1} 的 $r+1$ 元子集，其个数等于 $\{a_1, a_2, \cdots, a_{m-2}\}$ 的 r 元子集的个数，即 C_{m-2}^r.

　　……

　　第 $m-r+1$ 类是不含 $a_{m+1}, a_m, \cdots, a_{r+2}$，但含 a_{r+1} 的 $r+1$ 元子集，其个数等于 $\{a_1, a_2, \cdots, a_r\}$ 的 r 元子集的个数，即 $C_r^r (=1)$.

　　于是，总和

$$C_r^r + C_{r+1}^r + \cdots + C_{m-1}^r + C_m^r = s,$$

即公式(2)成立.

　　【**例 4**】　证明：$C_m^0 + C_m^1 + \cdots + C_m^m = 2^m$.　　　(3)

　　解　考虑 m 元集的子集的个数 s. 由本章第 4 节例 2，可知 $s = 2^m$. 另一方面，这 m 元集有 $C_m^0 (=1)$ 个空子集，C_m^1 个 1 元子集，C_m^2 个 2 元子集，……，C_m^m 个 m 元子集，所以共有

$$C_m^0 + C_m^1 + C_m^2 + \cdots + C_m^m = s$$

个子集，即公式(3)成立.

11   问 题 举 隅(Ⅰ)

前几节介绍了基本的计数方法. 但计数问题多种多样,往往不是死套公式就可以解决的,需要灵活运用,以巧取胜.对应原理就是最常用的技巧.

【例1】 有多少个满足条件
$$1 \leqslant i < j \leqslant k < h \leqslant n+1$$
的四元有序(整)数组(i,j,k,h)?

解 作映射
$$(i,j,k,h) \mapsto (i,j,k+1,h+1)$$
这映射是从集
$$X = \{(i,j,k,h) \mid 1 \leqslant i < j \leqslant k < h \leqslant n+1\}$$
到集
$$Y = \{(i,j,k',h') \mid 1 \leqslant i < j < k' < h' \leqslant n+2\}$$
的一一对应,所以$|X| = |Y|$.

而$|Y|$显然是集合$\{1,2,\cdots,n+2\}$的四元子集的个数,即C_{n+2}^4. 所以$|X| = C_{n+2}^4$.

【例2】 将n个完全一样的白球及n个完全一样的黑球逐一从袋中取出,直至取完. 在取球过程中,至少有一次取出的白球多于(取出的)黑球的取法有多少种?

解 设集

$X = \{$在取球过程中至少有一次取出的白球多于黑球的取法$\}$,

$Y = \{$将 $n+1$ 个白球,$n-1$ 个黑球排成一列的方法$\}$.

对于 $x \in X$,根据定义,在 x 这种取法中,必有某一时刻首次出现取出的白球多于黑球,这时未取的黑球比未取的白球多 1. 将未取的白球与未取的黑球颜色互换,则总球数仍为 $2n$,但白球总数变为 $n+1$,黑球总数变为 $n-1$. 这就将取法 x 映射为某个 $y \in Y$.

这个映射 f 是单射. 因为对另一种取法 x',或者在 x' 中第一次出现取出的白球多于黑球的时刻不同于 x,或者在相同时刻首次出现取出的白球多于黑球,而以后的取法有所不同. 不论哪一种情况,$f(x')$ 均与 $y = f(x)$ 不同.

映射 f 是满射,因为对任一 $y \in Y$,依排列 y 的顺序数过去,在白球个数第一次超出黑球后,将以后的黑球与白球颜色互换,就产生一种取球方法 $x \in X$,并且显然 $f(x) = y$.

于是 f 是一一对应. 由本章第 9 节例 5,

$$|X| = |Y| = C_{2n}^{n+1}.$$

【例 3】 由正号"$+$"与负号"$-$"组成的符号序列,例如

$$+ + - + - + -, \tag{1}$$

其中由"$+$"到"$-$",或由"$-$"到"$+$",称为"一次变号". 如序列(1)中有五次变号. 问:有多少个长为 m 的符号序列,其中恰有 n 次变号($n < m$)?

解 设集

$X = \{$长为 m,恰有 n 次变号的符号序列$\}$,

$$X_1 = \{x \mid x \in X, 并且 x 的第一个符号为"+"\},$$

$$X_2 = \{x \mid x \in X, 并且 x 的第一个符号为"-"\}.$$

对于符号序列 $x \in X_1$，将 x 中"+"号变为"-"号，"-"号变为"+"号，容易知道这是一个从 X_1 到 X_2 的一一对应．所以，

$$|X_1| = |X_2| = \frac{1}{2}|X|.$$

现在我们来求 $|X_1|$．令集

$Y = \{$将 n 个黑球与 $m-n-1$ 个白球排成一列的方法$\}$．

对任一符号序列 $x \in X_1$，在 x 的两个相邻的符号之间（"空隙"）放一个球．如果这两个符号同号，则放一个白球；否则，放一个黑球．这样，共放了 $m-1$ 个球，其中 n 个为黑球，$m-n-1$ 个为白球．这就产生了 Y 中的一个元素 y．因此是从 X_1 到 Y 的映射 f．它显然是单射．同时也是满射：因为对任一 $y \in Y$，设已按 y 将 $m-1$ 个球排成一列（自左到右）．先在第一个球左侧放一个"+"号．如果这个球是白球，则在它与第二个球之间放一个"+"号；如果这个球是黑球，则在它与第二个球之间放一个"-"号．如此继续进行，对于每一个白球，在它与右邻之间放一个与左侧相同的符号；对于每一个黑球，在它与右邻之间放一个与左侧不同的符号，直到最后一个球的右侧放上符号．这样得到一个符号序列 $x \in X_1$，并且 $f(x) = y$．所以 f 是一一对应，$|X_1| = |Y|$．

由本章第 9 节例 5，$|Y| = C_{m-1}^n$，所以

$$|X| = 2|X_1| = 2C_{m-1}^n.$$

【例 4】 用"0""1"(或"·""—")组成电码. 有多少个长为 m 的 $0,1$ 序列

$$a_1a_2\cdots a_m, \quad a_i \in \{0,1\}$$

其中恰有 n 个"01"(0 的后继是 1)块?

例如 $m=5, n=2$ 时,有 6 个长为 5 的数列,其中恰有两个 01 块. 它们是

$$01011, \qquad 01010, \qquad 01101,$$
$$01001, \qquad 10101, \qquad 00101.$$

解 设 $0,1$ 序列的集合

$X=\{a_1a_2\cdots a_m \,|\,$ 其中恰有 n 个"01"块$\}$,

$Y=\{1a_1a_2\cdots a_m0 \,|\,$ 其中恰有 $2n+1$ 个"01"或"10"块$\}$.

若序列

$$a_1a_2\cdots a_m \in X,$$

考虑映射 f:

$$a_1a_2\cdots a_m \mapsto 1a_1a_2\cdots a_m0. \tag{2}$$

因为每两个相邻的"01"块之间恰有一个"10"块(这两个"01"块及在它们之间的数呈

$$011\cdots100\cdots01$$

的形状),所以(2)的右边恰有 n 个"01"块及 $n+1$ 个"10"块,即恰有 $2n+1$ 个"01"或"10"块. 于是,f 是 X 到 Y 的映射,f 显然是单射.

对于任一 $y\in Y$,$y=1a_1a_2\cdots a_m0$ 中恰有 $2n+1$ 个"01"或"10"块. 若这时,$x=a_1a_2\cdots a_m$ 中有 k 个"01"块,则根据上面的推导,y 中恰有 $2k+1$ 个"01"或"10"块,于是 $k=n$,即 $x=$

$a_1 a_2 \cdots a_m \in X$,并且显然 $f(x) = y$. 所以,f 是满射,从而 f 是一一对应,$|X| = |Y|$.

如果把"1"作为"＋"号,"0"作为"－"号(这又是一个一一对应),那么"01"或"10"块的个数就是相应的符号序列中变号的次数. 故由例 3,

$$| X | = | Y | = C_{m+2-1}^{2n+1} = C_{m+1}^{2n+1}.$$

12 问题举隅(Ⅱ)

【例1】 m 个白球排成一列,从其中选 n 个球涂成黑色,若每两个黑球均不能相邻,有多少种不同的涂法?

解 若球已经涂好,设想这 n 个黑球,除最后一个外,每一个"吃掉"紧跟在它后面的那个白球,结果剩下 $m-(n-1)=m-n+1$ 个球,其中 n 个是黑球. 这就产生一个从集合

$X=\{$从排成一列的 m 个白球中选 n 个涂黑,每两个黑球均不相邻的涂法$\}$

到集合

$Y=\{$从排成一列的 $m-n+1$ 个白球中选 n 个涂黑的涂法$\}$

的映射 f. 它显然是单射.

反过来,对 $y\in Y$,我们令 y 中的那 n 个黑球,除最后一个外,各"吐"出一个白球作为它的右邻,这就产生一个元素 $x\in X$,显然 x 的像是 y. 所以 f 也是满射.

因为 f 是一一对应,所以

$$|X|=|Y|=C_{m-n+1}^n.$$

【例2】 在圆周上有 m 个白球,依顺时针次序编上号码 $1,2,\cdots,m$. 从中选 n 个球,将它们涂黑,若每两个黑球不能相

邻,有多少种涂法?

解　设集 X 为所说的涂法组成的集. 对每一个 $x \in X$,圆周上还有 $m-n$ 个白球,将圆周在一个白球与下一个球之间剪开,拉成一条直线,使圆周上的顺时针方向变成直线上从左到右的方向(在本章第 8 节例 2 中已经这样做过). 因为可在 $m-n$ 个地方剪开,所以每个 x 产生 $m-n$ 个直线上的排列,共得 $(m-n)|X|$ 个直线排列. 每个排列中有 n 个黑球,$m-n$ 个白球,每两个黑球互不相邻,并且这些球是有号码的,从左到右数过去,号码为以下 m 种之一:

$$1,2,3,\cdots,m;2,3,\cdots,m,1;\cdots;m,1,2,\cdots,m-1.$$

现在取消号码,这时每 m 种变为同一种,故共有 $\dfrac{m-n}{m}|X|$ 个不同的直线排列,而且每一种中结尾的一个总是白球(我们是在白球与下一个球之间将圆周剪开的).

让每一个黑球吃掉紧跟在它后面的白球,上面 $\dfrac{m-n}{m}|X|$ 个排列就变成 n 个黑球 $m-2n$ 个白球的排列,这样的排列共有 C_{m-n}^n 个,所以

$$\frac{m-n}{m}|X| = C_{m-n}^n,$$

从而

$$|X| = \frac{m}{m-n} = C_{m-n}^n.$$

点评　图 1 以 $m=5, n=2$ 为例,来说明上面的推导:

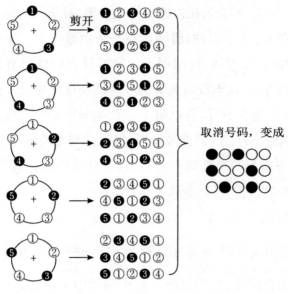

图 1

13　两个几何问题

【例1】　如图1,将△ABC的每一边n等分,过各分点作边的平行线,在所得的图形中有多少个平行四边形?

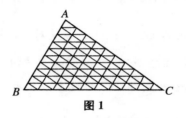

图1

解　首先考虑边不与BC平行的平行四边形.延长这种平行四边形的边,与BC相交于BC边上顺次的四个分点.在特殊情况下,第二个交点与第三个交点可能重合(即这个平行四边形的一个顶点).如果将BC边上的分点依次记为

$$B_1 = B, B_2, B_3, \cdots, B_n, B_{n+1} = C,$$

那么每一个边不与BC平行的平行四边形,对应于一个有序四元数组(即四个分点的下标)

$$(i, j, k, h) \quad (1 \leqslant i < j \leqslant k < h \leqslant n+1). \quad (1)$$

这是一个一一对应,因而两者个数相等.而由本章第11节例1,数组(1)的个数为C_{n+2}^4.因此图1中有C_{n+2}^4个边不与BC平行的平行四边形.同样可考虑边不与AB或AC平行的平行四边形.所以,图1中共有$3C_{n+2}^4$个平行四边形.

点评　本题曾刊载于《数学杂志》(*Mathematics Maga-zine*)1976 年第 3 期. 原来的解法如下：

图 1 中每个平行四边形有一对锐角顶点, 它们不在同一条线(指图 1 中所作的平行线与 $\triangle ABC$ 的边)上；反过来, 任两个不在同一条线上的点确定一条边与 $\triangle ABC$ 的两条边分别平行的平行四边形. 图 1 中共有

$$1+2+\cdots+(n+1)=\frac{(n+1)(n+2)}{2}$$

个(线的交)点, 共组成 $C^2_{\frac{(n+1)(n+2)}{2}}$ 个点对. 其中两点在同一条线上的点对应当删去. 如果一条线上有 k 个点, 那么就产生 C^2_k 个点对. 由于在平行于 BC 的线上依次有 $2,3,\cdots,n+1$ 个点, 所以应删去的点对有 $3\sum\limits_{k=2}^{n+1}C^2_k$ 个. 从而图 1 中的平行四边形共有

$$C^2_{\frac{(n+1)(n+2)}{2}}-3\sum_{k=2}^{n+1}C^2_k$$

$$=\frac{\dfrac{(n+1)(n+2)}{2}\times\left(\dfrac{(n+1)(n+2)}{2}-1\right)}{2}-3C^3_{n+2}$$

$$=\frac{(n+1)(n+2)n(n+3)}{8}-\frac{(n+2)(n+1)n}{2}$$

$$=\frac{(n+2)(n+1)n(n-1)}{8}=3C^4_{n+2}$$

个.

【例 2】　圆周上有 n 个点, 每两点连一条弦. 如果没有三条弦交于圆内一点, 这些弦把这圆分成多少个区域？

解　由本章第 9 节例 2 知,共有 C_n^2 条弦. 由第 9 节例 3 知,这些弦在圆内的交点共 C_n^4 个. 现在我们把这些弦一条一条地取消. 如果一条弦在圆内与 k 条弦相交,那么 k 个交点把这弦分为 $k+1$ 段,每一段是两个区域的公共边界,在这条弦取消后,这两个相邻的区域就合二为一,所以区域的个数减少 $k+1$. 这样逐步减少弦,直到最后弦全取消,而区域只剩下一个(即整个圆).

将上述过程追溯回去,即一条接一条地添弦. 每添一条弦,区域的个数就相应地增加 $k+1$,这里 k 是所添的弦与已有的弦在圆内的交点. 所有的 k 的和是 C_n^4,而弦有 C_n^2 条,所以区域总数是 $1+C_n^4+C_n^2$.

14 最 短 路 线

设 m, n 为非负整数,从原点 $(0,0)$ 沿着坐标网(即直线 $y=k$ 与 $x=h$,其中 k, h 为整数)走到整点 (m, n) 的最短路线,简称为**路线**.

【例1】 有多少条从 $(0,0)$ 到 (m, n) 的路线?

解 从 $(0,0)$ 到 (m, n),必须向东(沿水平方向向右)走 m 个单位,向北(沿竖直方向向上)走 n 个单位. 我们把向东走一个单位记为 E,向北走一个单位记为 N. 这样,每一条路线就是由 m 个 E 与 n 个 N 组成的一个排列. 反过来,m 个 E 与 n 个 N 的一个排列,确定了一条路线.

由本章第9节例5,共有 C_{m+n}^n 个由 m 个 E 与 n 个 N 组成的排列. 所以,从 $(0,0)$ 到 (m, n) 的路线共 C_{m+n}^n 条.

【例2】 设非负整数 $h \leqslant m, k \leqslant n$. 从 $(0,0)$ 经过 (h, k) 到 (m, n) 的路线有多少条?

解 由例1,从 $(0,0)$ 到 (h, k) 的路线有 C_{h+k}^k 条;而从 (h, k) 到 (m, n) 的路线(相当于从 $(0,0)$ 到 $(m-h, n-k)$ 的路线)有 $C_{m+n-h-k}^{n-k}$ 条. 因此,由乘法原理,从 $(0,0)$ 经过 (h, k) 到 (m, n) 的路线有 $C_{h+k}^k \times C_{m+n-h-k}^{n-k}$ 条.

【例3】 证明恒等式:

$$C_m^0 C_n^r + C_m^1 C_n^{r-1} + C_m^2 C_n^{r-2} + \cdots + C_m^r C_n^0 = C_{m+n}^r. \tag{1}$$

解　考虑从$(0,0)$到$(m+n-r,r)$的路线.

由例1,这种路线有C_{m+n}^r条.

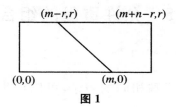

图 1

另一方面,如图1联结点$(m-r,r)$与$(m,0)$. 从$(0,0)$到 $(m+n-r,r)$的任一条路线必定经过这条线段上的一点 $(m-k,k)$,这里$0\leqslant k\leqslant r$. 而由例2,从$(0,0)$经过点$(m-k,k)$ 到点$(m+n-r,r)$的路线有

$$C_m^k \times C_{m+n-m}^{r-k} = C_m^k \times C_n^{r-k}$$

条. 所以,从$(0,0)$到$(m+n-r,r)$的路线共有

$$C_m^0 C_n^r + C_m^1 C_n^{r-1} + C_m^2 C_n^{r-2} + \cdots + C_m^r C_n^0$$

条. 因而公式(1)成立.

15   允许重复的组合

【例1】   掷 5 颗相同的骰子，可以产生多少种不同的结果？

解   每颗骰子上有 $1,2,3,4,5,6$ 这 6 个数字，所以掷出的结果是 $1,2,3,4,5,6$ 的一个组合，但这里每个数字都可以重复出现(最多可出现 5 次).这种问题与本章第 9 节的组合不同，称为**允许重复的组合**.

一般地，设从 m 元集中取出 n 个元素，每个元素可以重复选取的组合的集为 $X_{m,n}$，则

$$|X_{m,n}| = C_{m+n-1}^n. \tag{1}$$

在本例中，$m=6, n=5$，所以可以产生

$$C_{6+5-1}^5 = C_{10}^5 = \frac{10 \times 9 \times 8 \times 7 \times 6}{2 \times 3 \times 4 \times 5} = 252$$

种不同的结果.

我们将给公式(1)以三个不同的证明.

证法一   设 $x \in X_{m,n}$，是从 m 元集 $\{1,2,\cdots,m\}$ 中取出 n 个元素的允许重复的组合.将这 n 个元素依照大小排成

$$(1\leqslant)a_1 \leqslant a_2 \leqslant \cdots \leqslant a_n(\leqslant m). \tag{2}$$

再将 a_i 加上 $i-1(i=1,2,\cdots,n)$，便产生一个严格的不等式(类似于本章第 11 节例 1 所使用的技巧)

$$(1 \leqslant) a_1 < a_2 + 1 < a_3 + 2 < \cdots < a_n + n - 1 (\leqslant m + n - 1).$$
$$(3)$$

令映射 f 为

$$x \longmapsto y = \{a_1, a_2 + 1, a_3 + 2, \cdots, a_n + n - 1\}.$$

因为 y 是 $m + n - 1$ 元集 $\{1, 2, 3, \cdots, m + n - 1\}$ 的 n 元子集, 所以 f 是从 $X_{m,n}$ 到集

$$Y = \{y \mid y \text{ 是 } \{1, 2, \cdots, m + n - 1\} \text{ 的 } n \text{ 元子集}\}$$

的映射. 易知 f 是一一对应 (因由 (3) 可逆推至 (2)), 因而

$$|X_{m,n}| = |Y| = C_{m+n-1}^m.$$

证法二　考虑 m 个房间, 排成一列, 每两个相邻的房间用隔板 "1" 隔开. 如果从 m 元集 $\{1, 2, \cdots, m\}$ 选出的 n 个元中有 n_i 个 i, 这里 n_i 都是非负整数, $i = 1, 2, \cdots, m$, 且

$$n_1 + n_2 + \cdots + n_m = n,$$

那么就在第 i 个房间中住 n_i 个人 (我们用一个 0 表示一个人), 这样, 对于 $X_{m,n}$ 中的每一个 x, 有一个形如

$$\underbrace{0\cdots0}_{n_1 \text{个}}1\underbrace{0\cdots0}_{n_2 \text{个}}01\cdots1\underbrace{0\cdots0}_{n_m \text{个}}$$

的, 由 n 个 "0" 与 $m - 1$ 个 "1" 组成的序列 y 与它对应.

设集

$$Y = \{n \text{ 个 "0" 与 } m - 1 \text{ 个 "1" 组成的序列}\},$$

容易看出, 上述从集 $X_{m,n}$ 到 Y 的映射 $x \longmapsto y$ 是一一对应. 从而

$$|X_{m,n}| = |Y| = C_{m+n-1}^n.$$

证法三　考虑集

$$Y = \{ \text{从}(0,0) \text{ 到} (m-1,n) \text{ 的路线} \}.$$

对于 $X_{m,n}$ 中的元素 x,设它有 n_i 个 i,这里 n_i 是非负整数,并且满足(4). 我们可以作出一条路线 $y \in Y$:

首先是 n_1 个 N,然后一个 E,n_2 个 N,再是一个 E,n_3 个 N,……,最后是一个 E,n_m 个 N.

容易看出,$f:x \longmapsto y$ 是 $X_{m,n}$ 到 Y 的一一对应,所以

$$| X_{m,n} | = | Y | = C_{m+n-1}^{n}.$$

允许重复的组合有很多应用.

【例 2】　将 n 个相同的球分配给 m 个编号分别为 1,2,$\cdots$,m 的盒子,每个盒子里可装任意多个球. 有多少种分配法?

解　问题可换一种说法,即从 m 个(有编号的)盒子中选出 n 个来装 n 个球,每个盒子可以重复选取,一个盒子出现 k 次就表示它装 k 个球,所以这就是从 m 个元素中取 n 个的允许重复的组合. 答案为 C_{m+n-1}^{n}.

16   线性方程的整数解

【例1】   方程

$$x_1 + x_2 + \cdots + x_m = n \tag{1}$$

有多少组非负整数解$(x_1, x_2, \cdots, x_m)$?

解   考虑本题与将 n 个球放入 m 个(有编号的)盒子中的对应. 方程(1)的每一组非负整数解$(x_1, x_2, \cdots, x_m)$产生一种放球的方法:在编号为 $1, 2, \cdots, m$ 的盒子中分别放入 $x_1,$ $x_2, \cdots, x_m$ 个球. 反之,每一种放球的方法产生方程(1)的一个非负整数解. 所以两者是一一对应的. 由上节例 2,本题答案为 C_{m+n-1}^n.

【例2】   方程(1)有多少组正整数解$(x_1, x_2, \cdots, x_m)$?

解   令 $y_i = x_i - 1 (i = 1, 2, \cdots, m)$,则方程(1)等价于

$$y_1 + y_2 + \cdots + y_m = n - m. \tag{2}$$

所以,方程(1)的正整数解与方程(2)的非负整数解一一对应. 而由例 1,方程(2)有

$$C_{(n-m)+m-1}^{n-m} = C_{n-1}^{n-m}$$

组非负整数解,所以方程(1)有同样多组正整数解.

【例3】   方程

$$x + y + z = 24 \tag{3}$$

有多少组满足

$$x \geqslant 2, y \geqslant 3, z \geqslant 4 \tag{4}$$

的整数解?

解　令 $x_1 = x - 2, y_1 = y - 3, z_1 = z - 4$,则当方程(3)成立时,

$$x_1 + y_1 + z_1 = 15, \tag{5}$$

并且当条件(4)成立时,x_1, y_1, z_1 都是非负的.

由例 1,方程(5)有

$$C_{15+3-1}^{15} = C_{17}^{15} = \frac{17 \times 16}{2} = 136$$

组非负整数解,所以方程(3)有 136 组整数解满足条件(4).

【例 4】　由 m 个变量 $x_1, x_2, \cdots, x_m$,可以组成多少个系数为 1 的 n 次单项式?

解　设 $x_1^{\alpha_1} x_2^{\alpha_2} \cdots x_m^{\alpha_m}$ 是一个 n 次单项式,则有

$$\alpha_1 + \alpha_2 + \cdots + \alpha_m = n, \tag{6}$$

其中 $\alpha_1, \alpha_2, \cdots, \alpha_m$ 都是非负整数. 由此可知,系数为 1 的 n 次单项式与方程(6)的非负整数解一一对应,从而有 C_{n+m-1}^n 个由 m 个变量组成的系数为 1 的 n 次单项式.

例如:当 $m = 3, n = 4$ 时,

$$C_{4+3-1}^4 = C_6^4 = 15,$$

因而有 15 个由 x, y, z 组成的系数为 1 的 4 次单项式,即

$$x^4, y^4, z^4, x^3 y, x^3 z, y^3 x, y^3 z, z^3 y, z^3 x,$$

$$x^2 y^2, x^2 z^2, y^2 z^2, x^2 yz, y^2 zx, z^2 xy.$$

17　关于集合的一个问题

组合问题往往与集合有关. 这里举一个例子.

【例】　设 k, n 为自然数, $1 \leqslant k \leqslant n$. $A_1, A_2, \cdots, A_n$ 为 n 个集, $|A_1| = |A_2| = \cdots = |A_n|$. 集合 $M = \bigcup\limits_{j=1}^{n} A_j$, 并且 $A_1, A_2, \cdots, A_n$ 中每 k 个的并集均为 M, 每 $k-1$ 个的并集均为 M 的真子集. 试确定:

(ⅰ) $|M|$ 的最小值;

(ⅱ) 当 $|M|$ 最小时, $|A_j|$ 的值 $(j=1, 2, \cdots, n)$;

(ⅲ) 当 $|M|$ 最小时, $A_1, A_2, \cdots, A_n$ 中任意 i 个的公共元数.

解　设 T 为 $A = \{1, 2, \cdots, n\}$ 的一个 $n+1-k$ 元子集. 由已知条件,

$$\bigcup_{i \in T} A_i \neq M,$$

因而有 $x \in M \backslash \bigcup\limits_{i \in T} A_i$ (这样的 x 可能不止一个, 我们任意指定其中之一). 令

$$T \longmapsto x.$$

这个映射 f 是单射: 因为对每个 $j \notin T$, 有 $x \notin A_j$; 而对每个 $j \in T$, 由已知条件

$$\left(\bigcup_{i \notin T} A_i \right) \bigcup A_j = M,$$

所以 $x \in A_j$, 从而

$$T = \{j \mid x \in A_j\},$$

即 T 为 x 唯一确定. 也就是若有 $f(T') = f(T) = x$, 那么 $T' = T = \{j \mid x \in A_j\}$. 故 f 为单射.

　　T 的个数为 C_n^{k-1}（即 A 的 $n+1-k$ 元子集的个数）. 因为 f 为单射, M 中的元素 x 的个数不少于 T 的个数, 所以

$$|M| \geqslant C_n^{k-1}.$$

　　C_n^{k-1} 就是 $|M|$ 的最小值, 并且 $|M|$ 取得最小值的充分必要条件是 f 为满射.

　　下面我们来讨论什么时候 f 为满射.

　　对每个 $x \in M$, 令集

$$M_{(x)} = \{j \mid x \in A_j\}.$$

　　如果 f 是满射, 那么存在 T, 使 $x = f(T)$. 从而根据前面关于 f 为单射的推导, $T = M_{(x)}$. 所以 $M_{(x)}$ 必须是 $n+1-k$ 元集, 并且 $x \mapsto M_{(x)}$ 是单射. 反之, 如果 $M_{(x)}$ 是 $n+1-k$ 元集, 并且 $x \mapsto M_{(x)}$ 是单射, 那么令 $T = M_{(x)}$, $f(T) = x'$, 则 $T = M_{(x')}$. 因为 $x \mapsto M_{(x)}$ 是单射, 所以 $x' = x$, $f(T) = x$, 即 f 是满射. 于是

$$|M| = C_n^{k-1} \Leftrightarrow f \text{ 是——对应}$$

　　$\Leftrightarrow M_{(x)}$ 都是 $n+1-k$ 元集, 并且 $x \mapsto M_{(x)}$ 是——对应. （这时 $x \mapsto M_{(x)}$ 是 f 的逆映射.）

　　于是, 当 $|M| = C_n^{k-1}$ 时,

$$|A_j| = |\{x \mid j \in M_{(x)}\}| \qquad (M_{(x)} \text{ 的定义})$$

$$= |\{M_{(x)} \mid j \in M_{(x)}\}| \qquad (x \to M_{(x)} \text{ 是——对应})$$

$= A$ 的含有 j 的 $n+1-k$ 元

子集的个数($|M_{(x)}|=n+1-k$)

$=C_{n-1}^{n-k}$.

$|A_{j_1}\bigcap A_{j_2}\bigcap\cdots\bigcap A_{j_i}|$

$=|\{x\mid j_1,j_2,\cdots,j_i\in M_{(x)}\}|$　　　($M_{(x)}$ 的定义)

$=|\{M_{(x)}\mid j_1,j_2,\cdots,j_i\in M_{(x)}\}|$　　($x\mapsto M_{(x)}$ 是一一对应)

$=A$ 的含有 $j_1,j_2,\cdots,j_i$ 的 $n+1-k$ 元子集的个数

$=C_{n-i}^{k-1}$.

最后,我们指出最小值 C_n^{k-1} 确实可以为 $|M|$ 取得. 为此, 定义

$A_i=\{A$ 的含有 i 的 $n+1-k$ 元子集$\},i=1,2,\cdots,n.$

$$M=\bigcup_{i=1}^n A_i,$$

则

$$M=\{A \text{ 的 } n+1-k \text{ 元子集}\},$$

$$|A_1|=|A_2|=\cdots=|A_n|=C_{n-1}^{n-k},$$

$$|M|=C_n^{k-1}.$$

对于 $A_1,A_2,\cdots,A_n$ 中任意 $k-1$ 个集 $A_{j_1},A_{j_2},\cdots,A_{j_{k-1}}$,取

$$x=\{1,2,\cdots,n\}\backslash\{j_1,j_2,\cdots,j_{k-1}\},$$

则 x 是 $n+1-k$ 元集,它不属于 $A_{j_1},A_{j_2},\cdots,A_{j_{k-1}}$ 中任一个,所以

$$A_{j_1}\bigcup A_{j_2}\bigcup\cdots\bigcup A_{j_{k-1}}\neq M.$$

对于 $A_1,A_2,\cdots,A_n$ 中任意 k 个集 $A_{j_1},A_{j_2},\cdots,A_{j_k}$,设 x

为 M 中任一元素,则 x 是集 A 的 $n+1-k$ 元子集,因此它必定包含 $j_1, j_2, \cdots, j_k$ 中某一个(否则至多为 $n-k$ 元集),从而

$$x \in A_{j_1} \bigcup A_{j_2} \bigcup \cdots \bigcup A_{j_k},$$

即

$$A_{j_1} \bigcup A_{j_2} \bigcup \cdots \bigcup A_{j_k} = M,$$

因此集合 $A_1, A_2, \cdots, A_n$ 及 M 符合题设中所有条件,并且 $|M|$ 取得最小值 C_n^{k-1}.

三、卡塔兰数

1　n 边形的剖分

设 $A_1 A_2 \cdots A_n$ 是凸 n 边形. 用 $n-3$ 条(除端点外)无公共点的对角线, 可以将它剖分为三角形. 例如, 图 1 中的六边形 $A_1 A_2 A_3 A_4 A_5 A_6$, 被对角线 $A_2 A_6$, $A_3 A_6$, $A_3 A_5$ 剖分为 4 个三角形.

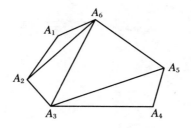

图 1

这种剖分, 我们称之为**对角线剖分**. 显然, 对角线剖分的方法未必只有一种, 例如对角线 $A_1 A_3$, $A_1 A_4$, $A_1 A_5$ 也将六边形 $A_1 A_2 A_3 A_4 A_5 A_6$ 剖分为三角形.

我们将凸 n 边形的对角线剖分的种数, 记为 T_{n-2}. 容易知道,

$$T_2 = 2, \quad T_3 = 5.$$

通常约定

$$T_0 = T_1 = 1.$$

计算 T_n 的公式是

$$T_n = \frac{1}{n+1} C_{2n}^n, \tag{1}$$

该公式的证明,将在第 4 节与第 5 节中给出.

T_n 通常称为"第 n 个**卡塔兰数**". 卡塔兰(Eugene Charles Catalan,1814~1894)是比利时数学家. 其实,大数学家欧拉(L. Euler,1707~1783)早就发现了这组数. 我国清代数学家李善兰(1811~1882)也对这组数做过深入的研究.

2 添 括 号

如果 * 是一种运算,不是结合的(即对于 * ,结合律不成立),那么,在表达式

$$a_1 * a_2 * a_3 * \cdots a_n \qquad (1)$$

中增添 $n-2$ 个括号,可以得出若干个不同(不恒等)的结果.

例如,当 $n=3$ 时,有两种不同的结果:

$$(a_1 * a_2) * a_3, \quad a_1 * (a_2 * a_3).$$

当 $n=4$ 时,有 5 种不同的结果:

$$(a_1 * a_2) * (a_3 * a_4), \quad ((a_1 * a_2) * a_3) * a_4,$$

$$(a_1 * (a_2 * a_3)) * a_4, \quad a_1 * ((a_2 * a_3) * a_4),$$

$$a_1 * (a_2 * (a_3 * a_4)).$$

一般地,通过添加括号,可以从式(1)得出 T_{n-1} 种不同的结果. 这里的 T_n,就是上节所说的卡塔兰数.

事实上,将凸 $n+1$ 边形用 $n-2$ 条对角线剖分的方法与将式(1)增添 $n-2$ 个括号的方法之间,存在一一对应. 这个映射 f 定义如下:

首先,将凸 $n+1$ 边形的前 n 条边顺次标上 $a_1, a_2, \cdots, a_n$,最后一条边则记为 0.

设对角线剖分 x 中,对角线 l 将多边形分成两个部分. 不含边 0 的那部分中,有两条边 a_i 与 a_j(这里 $i < j$)与 l 有公共

点,我们就在式(1)中增添一个从 a_i 到 a_j 的括号. 于是,对于 x 中的 $n-2$ 条对角线,式(1)中增添了 $n-2$ 个括号. 因为剖分 x 是用(除端点外)无公共点的对角线将多边形剖分为三角形,所以在式(1)中增添相应的括号后得到一个合理的结果 y(即不会出现诸如$(a_1*(a_2)*a_3)$之类的情况). 令

$$f(x) = y.$$

如图 1 所示.

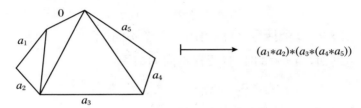

图 1

f 是单射:因为在剖分 $x \neq x'$ 时,x 至少有一条对角线不在 x' 中出现,所以在 $f(x)$ 中有一处括号不在 $f(x')$ 中出现,即 $f(x) \neq f(x')$.

f 是满射:若在式(1)中增添 $n-2$ 个括号得到 y,对于从 a_i 到 a_j 的括号$(i<j)$,相应地在多边形的边 a_i 的始点(a_i 与 a_{i-1} 的公共点)与边 a_j 的终点(a_j 与 a_{j+1} 的公共点)之间连一条对角线,这样,$n-2$ 个括号产生一个由 $n-2$ 条对角线形成的剖分 x,并且 $f(x)=y$.

综上所述,f 是一一对应.

3 惠特沃思路线

从第二章第 14 节可知,从原点 $(0,0)$ 沿坐标网走到格点 (n,n) 的路线有 C_{2n}^n 条. 这 C_{2n}^n 条路线中,不在直线 $y=x$ 上方出现的路线称为惠特沃思(Whitworth)路线,简称 **W 线**.

【例】 有多少条 W 线?

解 如第二章第 14 节例 1 标记 E 与 N,每一条 W 线可以表示成一个 E 与 N 的序列. 例如图 1 的 W 线可以表示成

$$ENEENN. \tag{1}$$

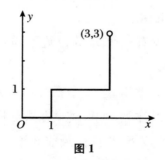

图 1

W 线中 E 与 N 一样多,并且从左到右数过去,E 的个数始终不少于 N 的个数.

现在,我们定义一个映射 f,将形如(1)的序列 x(W 线)映射成上一节所说的,由

$$a_1 * a_2 * \cdots * a_{n+1} \tag{2}$$

增添 $n-1$ 个括号而得出的表达式. 方法如下:

首先删去左边第一个 E，然后将 N 顺次改为 $a_1 *$，$a_2 *$，…，$a_n *$，并且在最后添一项 a_{n+1}；将 E 改成半括号"("，例如序列 (1) 变成

$$a_1 * ((a_2 * a_3 * a_4. \tag{3}$$

最后再将括号补全. 这可以从右到左进行，注意每个括号"管"两项，而从右到左数过去，a_i 的个数至少比"("的个数多1，因此可以先补全最里面一个括号，即将表达式 (3) 变成

$$a_1 * ((a_2 * a_3) * a_4. \tag{4}$$

将这个括号（即式 (4) 中 $(a_2 * a_3)$）看作一个字母，再补全第二个括号，将式 (4) 变成

$$a_1 * ((a_2 * a_3) * a_4). \tag{5}$$

如此继续进行，直到补全 $n-1$ 个括号，得出的结果 y 就是 x 在映射 f 下的像.

不同的 x（至少有一个 E 的位置不同）显然具有不同的像，所以 f 是单射.

每一个由式 (2) 增添 $n-1$ 个括号所得的结果 y，可以产生一个相应的 E，N 序列 x（W 线）. 方法是将 $a_1, a_2, \cdots, a_n$ 变成 N，半括号"("变成 E，并且在最前面添一个 E，其余的（指 a_{n+1} 与半括号")"）全部删去. 显然 $f(x) = y$，所以 f 是满射.

因为 f 是一一对应，所以 W 线的条数应当是 T_n.

4　圆周上的点

如果有 $2n+1$ 个点,排在一个圆周上,将其中 n 个染成白色,其余的染成黑色,那么根据第二章第 8 节例 1 和第二章第 9 节例 5 可知,共有

$$\frac{1}{2n+1}\mathrm{C}_{2n+1}^n = \frac{1}{n+1}\mathrm{C}_{2n}^n$$

种染法,恰好是卡塔兰数 T_n. 因此,各种染法所成集合与前三节中的集合(例如 W 线的集合)之间,理应存在着一一对应.

为此,我们首先证明下面的命题,它本身也是颇为有趣的.

命题　如果在圆周上有 $2n+1$ 个点,其中 n 个是白点,其余的是黑点.那么,一定有一种方法,将这 $2n+1$ 个点依顺时针方向标上 $0,1,2,\cdots,2n$,使得沿这由小到大的次序前进时,所经过的黑点永远多于白点,并且这样的标法仅有一种.

解　采用数学归纳法. $n=1$ 的情形是显然的.假设命题在 $n=k$ 时成立.对于 $n=k+1$,由于总有一个黑点 B,紧跟在它后面(这里的前后指依顺时针方向前进时出现的先后)出现的是一个白点 W,将这两点一并删去,剩下 $2k+1$ 个点,其中 $k+1$ 个黑点, k 个白点.由归纳假设,这 $2k+1$ 个点可以编上号码,符合所述要求.把删去的点 B,W "插"进去,即如果 B

前面那点编号为 j,则 B 点编号为 $j+1$,W 点编号为 $j+2$,W 后面的点的号码均为原先的号码加 2.由于在新增加的两个点中,前一个是黑点,这样的编号仍然合乎所述要求.

我们还可以看出合乎要求的编号只有这一种.因为对于任一种合乎要求的编号,删去上述的相邻点 B,W 后,将 W 后面各点的编号减 2,便产生一种对 $2k+1$ 个点的、合乎要求的编号.而由归纳假设,对这 $2k+1$ 个点只有一种合乎要求的编号,所以这 $2k+1$ 个点的编号就是归纳假设中的编号,从而这 $2k+3$ 个点也只有上面所说的那一种合乎要求.命题证毕.

由这个命题,每一种染法可以表示成一个序列

$$a_0,a_1,a_2,\cdots,a_{2n}, \tag{1}$$

其中有 n 项为 -1(白点),$n+1$ 项为 $+1$(黑点),并且

$$a_0+a_1+\cdots+a_k>0 \quad (k=0,1,\cdots,2n) \tag{2}$$

或者摒去第一个数 $a_0=1$,那么序列(1)成为

$$a_1,a_2,\cdots,a_{2n}, \tag{3}$$

其中有 n 项为 -1,n 项为 $+1$,并且

$$a_1+a_2+\cdots+a_k\geqslant0 \quad (k=1,2,\cdots,2n). \tag{4}$$

把 $+1$ 作为 E,-1 作为 N,则序列(3)就是 W 线(不等式(4)表明,这条路线不出现在直线 $y=x$ 的上方).这就表明,各种染法所成集合与 W 线所成的集合是一一对应.

因为有 $\dfrac{1}{n+1}C_{2n}^n$ 种染法,所以 W 线的条数 T_n 应当满足

$$T_n=\frac{1}{n+1}C_{2n}^n.$$

这就证明了第 1 节中的公式(1).

5 互不相交的弦

【例】   圆周上有 $2n$ 个点，（依顺时针方向）标号为 1，$2,\cdots,2n$. 以这些点为端点，连成 n 条互不相交的弦，有多少种不同的连法？

解   我们可以利用本章第 3 节的结果，也就是设法建立两者之间的对应.

首先注意到：上节的命题告诉我们，每一种将圆周上 $2n+1$ 个点染成 $n+1$ 个黑点、n 个白点的方法唯一确定一种编号的方法，使从 0 出发沿顺时针方向（即编号由小到大）前进时，黑点的个数始终大于白点的个数.

如果在圆周上有 $2n+1$ 个点 $0,1,2,\cdots,2n$，每点已染上黑色或白色，黑色的点有 $n+1$ 个，并且从 0 点出发依顺时针方向（即标号由小到大）前进时，黑点的个数始终多于白点. 那么，将 0 这点删去后，自 1 依顺时针方向前进，黑点个数始终不小于白点个数. 设 W 是第一个白点，紧接在黑点 B 后面出现，将这对相邻的点连成弦，然后删去. 考虑剩下的点，再将最先出现的、一对相邻的黑点与白点用弦相连，然后删去. 这样继续进行，直至将最后剩下的一对黑点与白点连成弦. 在这一过程中，共获得 n 条弦，由于每次所得的弦是联结相邻顶点的，这 n 条弦互不相交.

反过来,如果点 $1,2,\cdots,2n$ 已经两两联结成 n 条互不相交的弦. 将 1 染成黑色,与 1 相连的点染成白色. 自 1 出发沿顺时针方向前进,把所遇到的每条弦的第一个端点(先遇到的端点)染成黑色,另一端染成白色. 这样,$1,2,\cdots,2n$ 被染成黑白各 n 个;并且,自 1 出发沿顺时针方向前进时,因为每条弦的黑端点在白端点之前出现,所以黑点的个数始终不少于白点的个数. 再在 $2n$ 与 1 之间添一个黑点 0,则黑点 $n+1$ 个,白点 n 个. 自 0 点出发,沿顺时针方向前进时,黑点的个数始终大于白点的个数.

因此,将 $1,2,\cdots,2n$ 连成互不相交的弦的方法,与将 $2n+1$ 个点染成黑 $n+1$ 个、白 n 个的方法,种数相等,即也是

$$T_n=\frac{1}{n+1}C_{2n}^{n}\text{种}.$$

图 1 是 $n=3$ 时的连法,共 5 种.

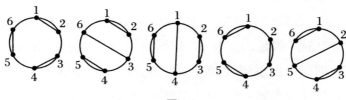

图 1

6　找零钱的问题

【例】　电影票每张 5 角. 如果有 $2n$ 个人排队购票,每人购票一张,并且其中 n 个人恰好有 5 角钱,n 个人恰好有 1 元钱,而票房无零钱可找. 那么,有多少种方法将这 $2n$ 个人排成一列,顺次购票,使得购票不致因无零钱可找而耽搁时间?

解　将持 5 角钱的人记为 E,持 1 元钱的人记为 N. 如果找零钱不发生困难,那么从前往后数,E 的个数不少于 N 的个数. 所以,得到的 E,N 序列是一条 W 线. 反之,将一条 W 线中的 E,N 分别变成持 5 角钱与持 1 元钱的人,便得到一条找钱不发生困难的队列. 所以,所述的队列与 W 线一一对应,因而共有 $T_n = \dfrac{1}{n+1} \mathrm{C}_{2n}^{n}$ 种.

另解　这种解法无须借助前面的结果(因而给出了 $T_n = \dfrac{1}{n+1} \mathrm{C}_{2n}^{n}$ 的又一个证明),方法如下:

首先,不考虑找钱是否发生困难,将 n 个持 1 元钱的人与 n 个持 5 角钱的人排成一列有 C_{2n}^{n} 种方法.

其中找钱发生困难的那些排法需要剔除,它们的集合记为 A.

对于不合要求的排法 $x \in A$,必有一个时刻出现找不出零钱的问题,即到这时为止,持 1 元钱的人数多于持 5 角钱的人数. 如果将持 1 元钱的人看作白球, 持 5 角钱的人看作黑球, 那么 x 就相当于将 n 个白球及 n 个黑球从袋中逐一取出, 且在取球过程中至少有一次取出的白球多于 (取出的) 黑球的取法.

由第二章第 11 节例 2, 我们知道上述取法有 C_{2n}^{n+1} 种.

从而 $|A| = C_{2n}^{n+1}$, 找零钱不发生问题的排列有

$$C_{2n}^{n} - C_{2n}^{n+1} = \frac{(2n)!}{n!\,n!} - \frac{(2n)!}{(n+1)!\,(n-1)!}$$

$$= \frac{1}{n+1} C_{2n}^{n}$$

种.

7 有序数组的个数

【例1】 令 n 元有序数组的集

$$C_n = \{(a_1, a_2, \cdots, a_n) \mid 1 = a_1 \leqslant a_2 \leqslant \cdots \leqslant a_n : a_i \text{ 为整}$$
数，且 $a_i \leqslant i, i = 1, 2, \cdots, n\}$ 求 $|C_n|$.

解 有经验的读者会猜到结果又是 T_n（或至少与 T_n 有关）. 确实如此. 我们只需建立起 C_n 与 W 线的集合之间的一一对应.

对于 $(a_1, a_2, \cdots, a_n) \in C_n$，在坐标平面上定出整点 $A_i(i, a_i - 1)$，其中 $i = 1, 2, \cdots, n$. 然后，设法把它们连成一条 W 线. 也就是从原点 $(0, 0)$ 出发，向东到 $A_1(1, 0)$，再向北走 $a_2 - a_1$ 个单位后折向东到 A_2；如此前进，从 A_{i-1} 向北走 $a_i - a_{i-1}$ 个单位后折向东到 A_i，……最后，从 $A_n(n, a_n - 1)$ 向北走到 (n, n). 因为

$$i - 1 \geqslant a_i - 1 = (a_{i-1} - 1) + (a_i - a_{i-1}),$$

所以这条路线不会在直线 $y = x$ 的上方出现，它是 W 线. 这一 W 线就是 $(a_1, a_2, \cdots, a_n)$ 的像.

容易验证这样的映射是一一对应. 即 $|C_n| = T_n = \frac{1}{n+1} C_{2n}^n$.

【例 2】　集合 D_n 也是有序数组 $(a_1,a_2,\cdots,a_n)$ 的集合，但其中 a_i 为非负整数，满足条件

$$a_1 + a_2 + \cdots + a_i \geqslant i \quad (i = 1, 2, \cdots, n-1),$$

及

$$a_1 + a_2 + \cdots + a_n = n.$$

求 $|D_n|$.

解　设 $(a_1 + a_2 + \cdots + a_n) \in D_n$. 在坐标平面上作点 $A_i(a_1 + a_2 + \cdots + a_i, i)$，其中 $i = 1, 2, \cdots, n$. 然后把它们连成一条 W 线，即自原点 $(0,0)$ 出发，向东至 $(a_1, 0)$，再向北至 A_1. 自 A_1 向东行 a_2 个单位再折向北至 A_2，…… 最后，自 A_{n-1} 向东行 a_{n-1} 个单位再折向北至 $A_n(n,n)$. 因为

$$a_1 + a_2 + \cdots + a_i \geqslant i,$$

所以整条路线不出现在直线 $y = x$ 的上方. 将这条 W 线作为 $(a_1, a_2, \cdots, a_n)$ 的像，这样的映像 f 显然是单射.

反过来，对任一条 W 线 v，设在与纵轴平行的直线 $x = i$ 上，属于 v 的点中以 $A_i(i, b_i)$ 的纵坐标最大. 令

$$a_i = b_i - b_{i-1} \quad (i = 1, 2, \cdots, n, b_0 = 0).$$

因为沿 v 前进是向北或向东，所以 $b_i \geqslant b_{i-1}$，即 a_i 是非负整数. 又因为 v 在直线 $y = x$ 的下方. 所以

$$b_i \leqslant i,$$

即

$$a_1 + a_2 + \cdots + a_i = b_1 + (b_2 - b_1) + \cdots + (b_i - b_{i-1})$$

$$= b_i \leqslant i,$$

其中 $i=1,2,\cdots,n$. 当 $i=n$ 时,上式是等式. 这样得到的数组 $u=(a_1,a_2,\cdots,a_n)\in D_n$,并且 $f(u)=v$,所以 f 是满射.

因为 f 是一一对应,所以

$$|D_n| = T_n = \frac{1}{n+1}C_{2n}^n.$$

8　排队问题

【例1】　男孩、女孩各 n 人,排成两列,男孩队列的次序为 $a_1, a_2, \cdots, a_n$,女孩队列的次序为 $b_1, b_2, \cdots, b_n$. 将他们并为一列,如果男孩的先后次序保持不变,女孩的先后次序也保持不变,有多少种不同的排法?

解　先将男孩依 $a_1, a_2, \cdots, a_n$ 的次序排好,再将 n 个女孩"插入"男孩之间的空隙,这里的"空隙"包括 a_1 前面的位置与 a_n 后面的位置,所以共有 $n+1$ 个空隙,每个空隙中可以插入的人数没有限制. 这是从 $n+1$ 个元素(空隙)中选 n 个的允许重复的组合,共有

$$\mathrm{C}_{n+n+1-1}^{n} = \mathrm{C}_{2n}^{n}$$

种.

点评　这恰好是从点 $(0,0)$ 走到点 (n,n) 的路线的条数. 因此本题的排法与这种路线之间存在着一一对应. 事实上,把 $a_1, a_2, \cdots, a_n$ 全变为 E(向东), $b_1, b_2, \cdots, b_n$ 全变为 N(向北),就得到一条从点 $(0,0)$ 到点 (n,n) 的路线. 容易看出这种映射 f 是一一对应.

【例2】　如果在例 1 中增加规定: a_i 必须在 b_i 前面 $(i=1,2,\cdots,n)$,有多少种排法?

解　在上面所说的映射 f 作用下,每一种排法变成一条

从点$(0,0)$到点(n,n)的路线. 因为a_i在b_i前面,也就是第i个E在第i个N前面,所以从点$(0,0)$出发,在这条路线上前进时,E的个数永远不少于N的个数. 从而这条路线不会出现在直线$y=x$的上方,即它是一条W线.

反过来,每条W线也产生一种符合要求的排法(将其中的E顺次改为$a_1,a_2,\cdots,a_n$;N顺次改为$b_1,b_2,\cdots,b_n$),它在映射f下的像是那条W线.

因此,排法共有

$$T_n = \frac{1}{n+1}\mathrm{C}_{2n}^{n}$$

种.

【**例 3**】　$2n$个人高矮互不相同,有多少种方法将他们依从高到矮的次序排成两行,每行n人,并且每一行的第j个人比第二行的第j个人高$(j=1,2,\cdots,n)$?

解　将这$2n$个人依高矮排成一行,并将其中原来属于第一行的记为E,原来属于第二行的记为N,这就产生一条W线. 容易验证,这是一一对应. 所以,本题答案仍然是$T_n = \frac{1}{n+1}\mathrm{C}_{2n}^{n}$.

9 不与 $y=x$ 相交的路线

【例】 从点 $(0,0)$ 到点 (n,n) 的路线中,除两个端点外, 与直线 $y=x$ 无公共点的有多少条?

解 如果限定路线在直线 $y=x$ 的下方,那么这就是求 从点 $(1,0)$ 到点 $(n,n-1)$ 的、与直线 $y=x$ 无公共点的路线有 多少条.

我们将 y 轴向右平移一个单位到 y',使点 $(1,0)$ 成为原 点;点 $(n,n-1)$ 成为点 $(n-1,n-1)$(如图 1).

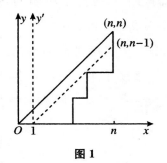

图 1

在新坐标系中,所说路线成为从点 $(0,0)$ 到点 $(n-1,n-1)$ 的、不在直线 $y=x$ 上方出现的 W 线. 因而共有

$$T_{n-1} = \frac{1}{n} \mathrm{C}_{2(n-1)}^{n-1} = \frac{1}{n} \mathrm{C}_{2n-2}^{n-1}$$

条. 如果不限制路线在直线 $y=x$ 的下方,那么共有

$$2 \times \frac{1}{n} C_{2n-2}^{n-1} = \frac{1}{2n-1} C_{2n}^{n}$$

条.

点评 自然地,我们会问:从点 $(0,0)$ 到点 (n,m) $(m<n)$ 的、不出现在直线 $y=x$ 上方的路线有多少条? 其中除端点外与直线 $y=x$ 无公共点的路线又有多少条? 这两个问题将在下节解决.

10　投 票 记 录

政客 A,B 竞选,选票共有 $a+b$ 张($a \geqslant b$). 拥护 A 的选民采用图 1 来表示 A,B 得票的情况. 从 $(0,0)$ 开始,如果 A 得到一张选票,就向右上方斜移到 $(1,1)$,否则就向右下方斜移到 $(1,-1)$. 照此进行,如果第 $i-1$ 次移到点 $P(i-1,y_{i-1})$,那么当第 i 张票属于 A 时,就向右上方移到点 $P'(i,y_{i-1}+1)$;当第 i 张票属于 B 时,就向右下方移到点 $P''(i,y_{i-1}-1)$. 这里每一点的横坐标表示到这时为止已经点过的票数,也就是 A,B 两人票数之和,而纵坐标则表示到这时为止 A 的票数减去 B 的票数所得的差. 我们把这些点连成一条折线,称之为**选举折线**.

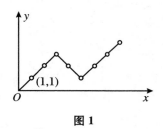

图 1

如果 A 获得 a 张票,B 获得 b 张票,那么选举折线的终点就是 $(a+b,a-b)$.

【例】 以 $(a+b,a-b)$ 为终点的($a \geqslant b$)、在 x 轴上方并且除端点外不接触到 x 轴(即在选举过程中 A 得的票数一直多

于 B)的选举折线有多少条?

解　先设 $a>b$. 每条符合要求的选举折线当然通过点 $(1,1)$.

从点 $(1,1)$ 到点 $(a+b,a-b)$ 的折线,如果不加上"不接触到 x 轴"的限制,那么它的条数也就是从 $a+b-1$ 张票中选取 $a-1$ 张给 A 的组合数,即 C_{a+b-1}^{a-1}.

当然,在上述限制下,我们必须从这 C_{a+b-1}^{a-1} 条线中,清除掉那些不合要求的,亦即与 x 轴有公共点的选举折线.

设 l 是一条与 x 轴有公共点的选举折线,点 $(i,0)$ 是它与 x 轴的第一个公共点. 将 l 的从点 $(1,1)$ 到点 $(i,0)$ 的部分关于 x 轴作对称,而其余部分保持不动. 这样,l 变成从点 $(1,-1)$ 到点 $(a+b,a-b)$ 的一条折线 l'.

由于在 l 中有 $a-1$ 个向上的部分,而从点 $(1,1)$ 到点 $(i,0)$ 这一段中,向上部分比向下部分少 1(即 A 得的票比 B 得的票少 1),经过轴对称,向上部分变为向下部分,向下部分变为向上部分. 所以,在 l' 中有

$$(a-1)+1=a$$

个向上部分,因而这种 l' 的条数是 C_{a+b-1}^{a},即不合要求的 l 有 C_{a+b-1}^{a} 条. 从而,合乎要求的选举折线有

$$
\begin{aligned}
C_{a+b-1}^{a-1}-C_{a+b-1}^{a} &= \frac{(a+b-1)!}{b!(a-1)!}-\frac{(a+b-1)!}{(b-1)!a!} \\
&= \frac{(a+b-1)!}{a!b!}\times(a-b) \\
&= \frac{a-b}{a+b}C_{a+b}^{b}
\end{aligned}
\tag{1}
$$

条.

当 $a=b$ 时,不能直接使用式(1),这时折线的终点为 $(2a,0)$,由于折线在 x 轴上方,它前面的一个点是 $(2a-1,1)$. 由式(1),从点 $(0,0)$ 到点 $(2a-1,1)$ 的、在 x 轴上方的选举折线有

$$\frac{1}{2a-1}\mathrm{C}_{2a-1}^{a-1} = \frac{1}{a}\mathrm{C}_{2a-2}^{a-1} \tag{2}$$

条(即将式(1)中的 b 换作 $a-1$).

点评 式(2)恰好是第 $a-1$ 个卡塔兰数. 由此可以料想选举折线与 W 线有很密切的关系. 事实上,考虑一条在直线 $y=x$ 下方、终点为 (n,n) 的 W 线,将线上每个格点 (x,y) 改为 $(x+y+1,x-y+1)$. 因为 $x \geqslant y$,所以所得各点都在 x 轴上方. 由始点 $(0,0)$,终点 $(2n+2,0)$ 与这些点产生一条选举折线. 从几何上讲,即把直线 $y=x+1$ 作为 x' 轴,$(-1,0)$ 作为原点,建立新坐标轴,这时在第一象限里的 W 线变成了选举折线(如图 2). 反过来,从点 $(0,0)$ 到点 $(2n+2,0)$ 的选举折线,如果除去端点,折线在 x 轴上方,那么将上面的点 (x,y)($x=1,2,\cdots,2n+1$) 变为 $\left(\dfrac{x+y}{2}-1,\dfrac{x-y}{2}\right)$,便产生一条完全在对角线下方的、从点 $(0,0)$ 到点 (n,n) 的 W 线. 两者之间存在一一对应,个数当然相等.

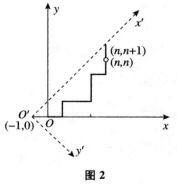

图 2

　　顺便我们还解决了上节末所提的问题. 从点(0,0)到点 $(n,m)(m<n)$ 的、不出现在 $y=x$ 上方的路线有

$$\frac{n-m+1}{n+m+1}C_{n+m+1}^{m} \tag{3}$$

条. 因为每一条这样的路线恰好对应于一条从点(0,0)到点 $(n+m+1,n-m+1)$ 的选举折线. 而除端点外与直线 $y=x$ 无公共点的路线则有

$$\frac{n-m}{n+m}C_{n+n}^{m} \tag{4}$$

条(将式(3)中的 n 换为 $n-1$).

11　夏皮罗路线

从点$(0,0)$到点$(2n,2n)$的路线,如果不经过点

$$(1,1),(3,3),\cdots,(2n-1,2n-1),$$

则称为**夏皮罗(Shapiro)路线**,简称 **S 线**. 如果需强调终点是$(2n,2n)$,也可称之为 S_{2n}线(类似地,称从点$(0,0)$到点(n,n)的 W 线为 W_n 线).

【例】　有多少条 S_{2n}线?

解　这是一个相当棘手的问题. 最简单的方法是在 S_{2n}线与从点$(0,0)$到点$(2n,2n)$的 W_{2n}线之间建立起一一对应,从而得出 S_{2n}线的条数为 $\dfrac{1}{2n+1}\mathrm{C}_{4n}^{2n}$.

当然,要找出一个合适的、从 S 线的集合到 W 线的集合的映射 φ(它必须是一一对应)也并不容易.

首先,我们引进几个记号:用 D 表示两端在直线 $y=x$ 上,其余部分在直线 $y=x$ 下的折线(D 的长度可能不一样,最短的长度为 0,即退化为一点的“折线”,次短的只有两节,即 EN),用 D' 表示 D 关于直线 $y=x$ 作对称而得到的折线,用 D^* 表示将 D 的首尾各截去一段(即开头的一个 E 与结尾的一个 N)后剩下的部分. 如果一条折线中 E 的个数是偶数,便称为偶折线,否则称为奇折线. 显然,D 与 D^* 的奇偶性正

好相反.

我们采用归纳法来定义映射 φ. 首先约定 S_0 与 W_0 为退化的折线,即一点 O,并定义

$$\varphi(O) = O. \tag{1}$$

假设对于非负整数 $k < n$ 及任一条 S_{2k} 线 t,$\varphi(t)$ 是一条 W_{2k} 线,那么对于 S_{2n} 线 s,总可表示成

$$s = Dt \text{ 或 } s = D't,$$

这里 D 是偶折线,长度为 $2h > 0$. 定义

$$\varphi(s) = \begin{cases} \varphi(Dt) = D\varphi(t), & s = Dt; \\ \varphi(D't) = E\varphi(t)ND^*, & s = D't. \end{cases} \tag{2}$$

定义(1),(2)确定了 φ,因为由(1),(2)可以逐步算出 s 的像 $\varphi(s)$. 我们甚至可以给出 φ 的"显"表达式. 首先,每一条 S_{2n} 线 s 可表成

$$D_0 D_1' D_2 D_3' D_4 \cdots D_{2k-1}' D_{2k} \tag{3}$$

的形式,其中 D_i 与 D_i' 都可能退化为一点. 例如图 1(d) 中(均用虚线表示),D_0 为 O 至 P 的一段,D_1' 为 P 至 Q 的一段,D_2 退化为一点. 图 1(e) 中,D_0 与 D_2 均退化为一点,D_1' 则是从 O 到 P 的整个路线. 由定义(1),(2),

$$\varphi(s) = D_0 E D_2 E \cdots E D_{2k-2} E D_{2k} N D_{2k-1}^* N D_{2k-3}^* \cdots N D_1^*, \tag{4}$$

其中 D_i(或 D_i^*)与原来的 D_i(或 D_i^*)的形状与长度是完全相同的,但位置并不一定相同,可能从原来的位置上平移了若干单位,所以现在它的端点并不一定在直线 $y = x$ 上,其他的点也不一定不在这条直线上. 此外,还需注意在 D_i' 退化为 O 时,表达式(4)中在 D_{i-1} 后面的那个 E 及 ND_i^* 均应删去.

　　根据定义(1),(2)或 φ 的显表达式(4),可以得出图 1 (a)~(n)左边的 S 线的像是右边的 W 线(均用虚线表示).

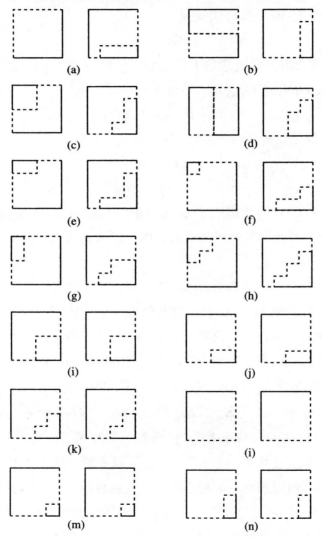

图 1

　　由于表达式(4)中每一个 D_i 或 D_i^* 里的 E 与 N 个数相等,并且 E 总是出现在先,所以沿(4)前进时,E 的个数不少于 N 的个数,即 $\varphi(s)$ 是一条 W 线. 又由定义(2)或(4)可知,$\varphi(s)$ 与 s 的长度相同,所以 $\varphi(s)$ 是 W_{2n} 线.

　　对于不同的 s,表达式(3)中至少有一个 D_i 或 D_i' 不同,从而由定义(2)或(4),$\varphi(s)$ 也不同,因此 φ 是单射.

　　现在证明 φ 是满射. 仍用归纳法. 假定当 $k<n$ 时,对每条 W_{2k} 线 u,都有一条 S_{2k} 线 t 满足 $\varphi(t)=u$. 设 w 是 W_{2n} 线,这时有两种情况:

　　(a) $w=Du$,其中 D 是偶折线,长度为 $2h$,u 为 $W_{2(n-h)}$ 线. 由归纳假设,存在 $S_{2(n-h)}$ 线 t,满足 $\varphi(t)=u$. 这时 $s=Dt$ 是 S_{2n} 线,并且由定义(2),

$$\varphi(s) = \varphi(Dt) = D\varphi(t) = Du = w.$$

　　(b) $w=D_1u$,其中 D_1 是奇折线. 因为 w 是偶折线,所以 u 是奇折线,EuN 是偶折线,并且从左到右时 EuN 中 E 的个数始终大于 N 的个数,直到最后两者才相等. 所以可以把 EuN 看成是一条仅有两个端点在直线 $y=x$ 上,其余部分在直线下方的偶折线 D. 从而 w 可记为

$$D_1D^* = EvND^*.$$

　　设 D 长度为 $2h$,则 v 长度为 $2(n-h)$. 因为 $v=D_1^*$,所以 v 是 $W_{2(n-h)}$ 线. 由归纳假设,存在 $S_{2(n-h)}$ 线 t,满足 $\varphi(t)=v$. 于是 $s=D't$ 是 S_{2n} 线,并且

$$\varphi(s) = \varphi(D't) = E\varphi(t)ND^* = EvND^* = w.$$

　　综上所述,φ 是一一对应.

四、表　　示

1　表示与坐标

每一个自然数 m，在十进制中可以唯一地表示成

$$a_n \times 10^n + a_{n-1} \times 10^{n-1} + \cdots + a_1 \times 10 + a_0 \qquad (1)$$

的形式，其中 $a_i \in \{0,1,2,\cdots,9\}(i=0,1,\cdots,n)$，并且 $a_n \neq 0$.

表示也是一种映射，且往往是一一对应.

自然数还有其他的表示，如二进制表示，三进制表示，……还有，算术基本定理（唯一分解定理）告诉我们，每一个大于 1 的自然数 m 可以唯一地表示成

$$p_1^{\alpha_1} p_2^{\alpha_2} \cdots p_n^{\alpha_n}, \qquad (2)$$

其中 $p_1 < p_2 < \cdots < p_n$ 是素数，$\alpha_1, \alpha_2, \cdots, \alpha_n$ 是自然数.

解析几何的一个基本思想就是平面上的每一个点可以用一对实数来表示，这一对实数称为它的坐标.

三维空间的点要用三个实数的有序数组 (x,y,z) 来表示. x,y,z 分别称为这点的横坐标，纵坐标，竖坐标.

自然数的表示式(1)，也可以看成是坐标

$$(a_0, a_1, a_2, \cdots), \qquad (3)$$

其中 $a_i \in \{0,1,2,\cdots,9\}$，并且仅有有限多个 $a_i \neq 0$.

表示式(2)也可以看成是坐标

$$(\beta_2,\beta_3,\beta_5,\beta_7,\cdots),$$

其中 β_i 是非负整数,只有有限多个不为 0,它们分别对应于素数 $2,3,5,\cdots$ 在 n 的分解式中的幂指数.

表示与坐标的方法,在数学中常常用到.

【例】　一个 m 行 n 列的数表,称为 $m\times n$ **矩阵**,表中的数称为这个矩阵的**元素**. 例如矩阵

$$A=\begin{bmatrix} 1 & 2 & 3 & \cdots & n \\ 2 & 3 & 4 & \cdots & 1 \\ 3 & 4 & 5 & \cdots & 2 \\ & & \cdots & & \\ n & 1 & 2 & \cdots & n-1 \end{bmatrix}$$

是 $n\times n$ 的矩阵. 证明:当且仅当 n 为奇数时,在 A 中可以找出一组 $1,2,\cdots,n$,其中任意两个数不在同一行,也不在同一列.

解　矩阵中每个元素对应于一对数 (i,j),其中"横坐标" i 是这个元素所在的行数,"纵坐标" j 是它所在的列数.

如果 A 中有一组 $1,2,\cdots,n$,其中任意两个数不在同一行也不在同一列,那么它们的横坐标的和与纵坐标的和都等于

$$1+2+\cdots+n=\frac{n(n+1)}{2}.$$

因为 A 中第 i 行第 j 列的元素为

$$i+j-1+(n \text{ 的倍数}),$$

所以这 n 个数的和为

$$\sum i+\sum j-\sum 1+(n \text{ 的倍数})$$

$$= \frac{n(n+1)}{2} + \frac{n(n+1)}{2} - n + (n\text{ 的倍数}) = n\text{ 的倍数}.$$

另一方面，这个和显然是

$$1 + 2 + \cdots + n = \frac{n(n+1)}{2},$$

所以 $\frac{n(n+1)}{2}$ 是 n 的倍数，n 一定是奇数.

反过来，如果 n 是奇数，对角线上的 n 个数就是 $1, 2, \cdots,$ n. 这将在本章第 15 节中加以证明.

2　猜年龄的奥妙

【例】　甲对乙说:"下面有七张表格,请你说出你的年龄在哪几张表格中出现,那么我就能猜出你的年龄."

Ⅰ　1 3 5 7 9 11 13 15 17 19 21 23 25 27 29 31 33 35 37 39 41 43 45

Ⅱ　2 3 6 7 10 11 14 15 18 19 22 23 26 27 30 31 34 35 38 39 42 43

Ⅲ　4 5 6 7 12 13 14 15 20 21 22 23 28 29 30 31 36 37 38 39 44 45

Ⅳ　8 9 10 11 12 13 14 15 24 25 26 27 28 29 30 31 40 41 42 43 44 45

Ⅴ　16 17 18 19 20 21 22 23 24 25 26 27 28 29 30 31

Ⅵ　32 33 34 35 36 37 38 39 40 41 42 43 44 45

甲是如何知道的?

解　方法很简单,例如乙的年龄是 42 岁,在第 Ⅱ,Ⅳ,Ⅵ 张表中出现,就将这三张表上面的第 1 个数相加,即

$$2 + 8 + 32 = 42,$$

所得的和就是乙的年龄.

这张表是利用二进制来造的.首先,每一个自然数 m 都

可以唯一地表示成

$$a_n \times 2^n + a_{n-1} \times 2^{n-1} + \cdots + a_1 \times 2^1 + a_0,$$

这里 $a_i \in \{0,1\}(i=0,1,\cdots,n-1)$,并且 $a_n=1$.

如果 $a_i=1$,则在第 i 张表上记上 m. 这样,每个 m 恰好等于那些有 m 的表上的第一行的数(2 的幂)的和.

3 自然数的其他表示

自然数(或整数)还有很多其他的表示方法.

【例 1】 证明:每一个自然数 m 可唯一地表示成

$$m = a_n \times n! + a_{n-1} \times (n-1)! + \cdots + a_1 \times 1!, \quad (1)$$

其中 $0 \leqslant a_j \leqslant j, j = 1, 2, \cdots, n$,并且 $a_n \neq 0$.

解 因为 $n \to +\infty$ 时,$n! \to +\infty$,所以必然存在 n,满足

$$n! \leqslant m < (n+1)! = (n+1) \times n!,$$

从而

$$1 \leqslant \frac{m}{n!} < n+1.$$

令 $a_n = \left[\dfrac{m}{n!} \right]$,则

$$0 \leqslant a_n \leqslant n.$$

再考虑 $m^{(1)} = m - a_n \times n!$,则 $m^{(1)} < n!$. 令 $a_{n-1} = \left[\dfrac{m^{(1)}}{(n-1)!} \right]$,则

$$0 \leqslant a_{n-1} \leqslant n-1.$$

这样继续下去,直至

$$m^{(n-1)} = m - a_n \times n! - \cdots - a_2 \times 2! < 2.$$

令 $a_1 = m^{(n-1)} \leqslant 1$,则

$$m = a_n \times n! + a_{n-1} \times (n-1)! + \cdots + a_2 \times 2! + a_1 \times 1!,$$

即每个 m 均可表为式(1)的形式.

反之,若有式(1),则

$$a_n \times n! \leqslant m < a_n \times n! + (n-1) \times (n-1)! + \cdots$$
$$+ 2 \times 2! + 1! + 1$$
$$= a_n \times n! + (n-1) \times (n-1)! + \cdots + 3 \times 2!$$
$$= \cdots$$
$$= a_n \times n! + (n-1) \times (n-1)! + (n-1) \times (n-2)!$$
$$= a_n \times n! + n \times (n-1)!$$
$$= (a_n + 1) \times n!,$$

所以 $a_n \leqslant \dfrac{m}{n!} < a_n + 1$,从而

$$a_n = \left[\frac{m}{n!}\right].$$

再考虑 $m^{(1)} = m - a_n \times n! = a_{n-1} \times (n-1)! + \cdots + a_2 \times 2! + a_1 \times 1!$. 如此继续下去,可陆续得出

$$a_{n-1} = \left[\frac{m - a_n \times n!}{(n-1)!}\right],$$

$$\cdots\cdots$$

$$a_2 = \left[\frac{m - a_n \times n! - a_{n-1} \times (n-1)! - \cdots - a_3 \times 3!}{2!}\right],$$

$$a_1 = m - a_n \times n! - \cdots - a_3 \times 3! - a_2 \times 2!.$$

因此,形如式(1)的表示式是唯一的.

点评 例 1 的方法是常用的,用这一方法也可以证明每一个自然数有唯一的十进(r 进)表示.

【例 2】 证明:每个自然数 m 有唯一的表示

$$m = \sum_{j=0}^{n} d_j \cdot 2^j, \quad d_j \in \{0,1,-1\}, \quad d_n = 1, \quad (2)$$

其中没有连续两个不等于 0 的 d_j.

解　首先将 m 表成 2 的幂的和（即二进制表示）

$$m = 2^{j_1} + 2^{j_2} + \cdots + 2^{j_r} \quad (0 \leqslant j_1 < j_2 < \cdots < j_r), (3)$$

这里的 $j_i (i=1,2,\cdots,r)$ 中可能有连续的自然数. 注意到

$$2^p + 2^{p+1} = -2^p + 2^{p+2},$$

$$2^p + 2^p = 2^{p+1},$$

利用这两个式子, 自左至右可逐步将式（3）中指数为连续自然数的项化为不连续的自然数, 从而式（3）可变为

$$m = \sum_{a \in A} 2^a - \sum_{b \in B} 2^b,$$

其中 A, B 均为自然数集 **N** 的子集, $A \cap B = \varnothing$, 并且 $A \cup B$ 不含两个连续的整数. 这就是式（2）.

现在证明唯一性. 若有

$$m = \sum_{a \in A} 2^a - \sum_{b \in B} 2^b = \sum_{c \in C} 2^c - \sum_{d \in D} 2^d, \quad (4)$$

其中, $A, B, C, D \subset \mathbf{N}, A \cap B = C \cap D = \varnothing$, 并且 $A \cup B, C \cup D$ 中均无连续的自然数, 则移项得

$$\sum_{a \in A} 2^a + \sum_{d \in D} 2^d = \sum_{b \in B} 2^b + \sum_{c \in C} 2^c. \quad (5)$$

如果有 $a \in A \cap D$, 则 $2^a + 2^a = 2^{a+1}$, 而 $a+1 \notin A, a+1 \notin D$, 所以 $a+1 \notin A \cup D$. 这表明式（5）左边相同的项可以合并, 不致影响其他的项. 右边也是如此. 于是, 将式（5）的左边（右边）相同的项合并后, 得

$$\sum_{x \in X} 2^x = \sum_{y \in Y} 2^y. \quad (6)$$

从而,由二进制的唯一性,得

$$X = Y. \tag{7}$$

现在证明 $A \subset C$. 设 $a \in A$. 这时有两种情况:

(a) 若 $a \notin D$. 2^a 出现在式(6)左边,因而也出现式(6)右边. 因为 $a-1 \notin B$,式(6)右边的 2^a 不是由两个 2^{a-1} 合并而来,所以它必定在式(5)右边即已出现. 因为 $A \cap B = \varnothing$,所以 $a \in C$.

(b) 若 $a \in D$. 则 2^{a+1} 出现在式(6)左边,从而也出现在式(6)右边. 因为 $a \in A \cap D$,所以 $a+1 \notin B$,$a+1 \notin C$,从而式(6)右边的 2^{a+1} 必定由式(5)右边的两个 2^a 合并而得,所以 $a \in C$.

于是 $A \subset C$. 同理 $A \supset C$,所以 $A = C$. 同理 $B = D$. 这就表明式(2)是唯一的.

4   斐波那契数

【例 1】 集 $X_n = \{1, 2, \cdots, n\}$ 的子集,如果不含两个相邻的自然数,则称为好子集.X_n 有多少个好子集?

解 设 X_n 有 a_n 个好子集.容易知道 $a_1 = 2$,即 $X_1 = \{1\}$ 的两个子集:空集 $\varnothing$ 与 $X_1 = \{1\}$ 本身都是好子集.$a_2 = 3$,因为 $X_2 = \{1, 2\}$ 有三个好子集:$\varnothing, \{1\}, \{2\}$.

现在设 $n \geqslant 3$,集 M 是 X_n 的好子集.

若 $n \notin M$,则 M 也是 X_{n-1} 的好子集.若 $n \in M$,则 $n-1 \notin M$,因此 $M \backslash \{n\}$ 是 X_{n-2} 的好子集.反过来,X_{n-1} 的好子集一定是 X_n 的好子集,X_{n-2} 的好子集添上 n 后也是 X_n 的好子集.所以有

$$a_n = a_{n-1} + a_{n-2}. \tag{1}$$

由递推公式(1),及初始条件 $a_1 = 2, a_2 = 3$,可知 $\{a_n\}$ 为

$$2, 3, 5, 8, 13, \cdots$$

在上述数列的开头再添两项 $1, 1$,就成为斐波那契(L. Fibonacci)数列:

$$1, 1, 2, 3, 5, 8, 13, \cdots \tag{2}$$

它的第 n 项 f_n(斐波那契数)可用以下通项公式表出:

$$f_n = \frac{1}{\sqrt{5}} \left(\left(\frac{1 + \sqrt{5}}{2} \right)^n - \left(\frac{1 - \sqrt{5}}{2} \right)^n \right),$$

这个公式的证明,在很多书上都能找到.

　　用斐波那契数的和可以表示自然数,即每一个自然数都可以表示成若干个 f_i 之和. 如果每一个自然数都可以表示成某个数列 $\{a_n\}$ 的若干项之和,我们就说数列 $\{a_n\}$ 是完全的. 下面我们证明斐波那契数列是完全的. 不仅如此,我们有更强的结果:

　　在数列(2)中任意删去一项后,剩下的数列仍是完全的,但任意删去两项后,剩下的数列是不完全的.

　　解　设删去一项后的数列为

$$w_1, w_2, w_3, \cdots \tag{3}$$

显然 $w_1 = 1$. 假定 $< n$ 的自然数都可以用数列(3)中若干项的和表示. 对于自然数 n,设

$$f_k \leqslant n < f_{k+1}.$$

　　若 $f_k \in \{w_i\}$,则由归纳假设,$n - f_k$ 可用数列(3)中若干项之和表示,并且因为

$$n - f_k < f_{k+1} - f_k = f_{k-1} \leqslant f_k,$$

所以在所述表示中 f_k 不出现,从而

$$n = f_k + (n - f_k)$$

可用数列(3)中若干项之和表示.

　　若 $f_k \notin \{w_i\}$,则

$$1, 1, 2, 3, \cdots, f_{k-2}, f_{k-1}$$

均在数列(3)中,并且由递推公式 $f_{i+1} = f_i + f_{i-1}$,易知

$$f_1 + f_2 + \cdots + f_{k-2} + f_{k-1} = f_{k+1} - 1 \geqslant n.$$

　　现在考虑 $f_1, f_2, \cdots, f_{k-1}$ 的子列之和. 在那些 $\geqslant n$ 的和

中,必有一个最小的,设为 L,并设 L 中下标最小的项是 f_i.

若 $L>n$,分两种情况讨论:

(a) $f_i=1$. 在 L 中删去 f_i 所得的和 $L-1\geqslant n$,这与 L 的定义矛盾.

(b) $f_i>1$. 因为 $f_1+f_2+\cdots+f_{i-2}=f_i-1$,所以在 L 中删去 f_i 而添上 $f_1,f_2,\cdots,f_{i-2}$,得到的和 $L-1\geqslant n$,仍与 L 的定义矛盾.

因此,必有 $L=n$. 即在数列(2)中任意删去一项后所得的数列是完全的.

如果从数列(2)中删去两项 $f_i,f_j(i<j)$,得到

$$v_1,v_2,v_3,\cdots,$$

则

$$
\begin{aligned}
v_1+v_2+\cdots+v_{j-2} &= f_1+f_2+\cdots+f_{j-1}-f_i \\
&= (f_{j+1}-1)-f_i < f_{j+1}-1 \\
&= v_{j-1}-1,
\end{aligned}
$$

因此, $v_{j-1}-1$ 不能用 $\{v_n\}$ 中若干项的和表出.

5 两 种 状 态

如果在所讨论的问题中,只有两种状态出现,通常将一种状态用+1 表示,另一种用-1 表示.

【例1】 7 只茶杯,杯口全朝下. 每次运动将其中 4 只翻转. 问:能否经过若干次运动,将这些茶杯翻成杯口全朝上?

解 茶杯有杯口朝上与杯口朝下两种状态. 前者用+1 表示,后者用-1 表示. 这样,7 只茶杯便对应于 7 个数. 开始时,7 个数全为-1.

考虑这 7 个数的乘积. 因为每次运动将 4 只杯子翻转,即改变 4 个数的符号,所以乘积的符号保持不变. 不论经过多少次运动,乘积永远与开始时相同,即等于-1. 这表明不可能经过若干次运动,将茶杯翻成杯口全朝上.

【例2】 $A_0, A_1, \cdots, A_n$ 为在同一直线上的顺次的 $n+1$ 个点. 将 A_0 涂成红色,A_n 涂成蓝色,其余的点任意地涂成红色或蓝色. 如线段 $A_i A_{i+1}$ 的两端颜色不同($0 \leqslant i \leqslant n-1$),称它为特殊线段. 证明:在 $A_i A_{i+1}$ 中($i=0,1,\cdots,n-1$),特殊线段的条数为奇数.

解 将红点记为+1,蓝点记为-1,再将每条线段 $A_i A_{i+1}$ 的两端所记的数相乘. 当且仅当这条线段为特殊线段时乘积为-1.

现在将对应于 n 条线段 A_iA_{i+1} 的 n 个乘积相乘. 因为当 $0<i<n$ 时,点 A_i 在两条线段(即 $A_{i-1}A_i$ 与 A_iA_{i+1})中出现, 而 A_0, A_n 仅在一条线段中出现,所以相乘的结果就是表示 A_0 的数与表示 A_n 的数相乘的积. 由于 A_0 与 A_n 不同色,这 结果是 -1.

因为对应于 n 条线段的 n 个乘积相乘得 -1,所以 n 个乘 积中必有奇数个是 -1. 换句话说,特殊线段的条数为奇数.

6 奇 偶 性

整数可以分为两类(两种"状态")：奇数与偶数. 这相当于一个从整数集 $\mathbf{Z}$ 到二元集{奇,偶}的映射 f：

$$f(n) = \begin{cases} 奇, & 2\text{不整除 } n; \\ 偶, & 2\text{整除 } n. \end{cases}$$

f 将无限集映成二元集. 在很多关于整数的问题中,考虑数的奇偶性,不仅可以将问题简化,而且正好抓住了问题的关键.

【例1】 表

$$
\begin{array}{ccccccc}
 & & & 1 & & & \\
 & & 1 & 1 & 1 & & \\
 & 1 & 2 & 3 & 2 & 1 & \\
1 & 3 & 6 & 7 & 6 & 3 & 1 \\
\end{array}
$$

$$\cdots\cdots$$

中,每一个数为上一行的三个数：顶上、左右肩(如左或右肩没有写数,则将左或右肩的数作为0)的和. 例如第4行,

$$1 = 0 + 0 + 1, \quad 3 = 0 + 1 + 2,$$

$$6 = 1 + 2 + 3, \quad 7 = 2 + 3 + 2, \cdots.$$

证明：自第三行起,该表的每一行至少有一个偶数.

解 将表中奇数记作1,偶数记作0. 前五行前四个数的

奇偶性为(第一行我们多写了三个 0,第二行多写了一个 0)

$$1\ 0\ 0\ 0$$
$$1\ 1\ 1\ 0$$
$$1\ 0\ 1\ 0$$
$$1\ 1\ 0\ 1$$
$$1\ 0\ 0\ 0$$

第五行的前四个数与第一行的前四个数有相同的奇偶性.以下各行的前四个数的奇偶性均只与第五行的前四个数的奇偶性有关,因而各行前四个数的奇偶性是每隔四行重复 1 次,从而自第 5 行起,每行前四个数中至少有一个偶数,第三、四行的前四个数中显然也至少有一个偶数.

【例 2】　设 $X=\{1,2,\cdots,n\}$,S 是 X 的一族子集.将 S 中的每个元素(集合)的子集全部列出,并将出现奇数次的子集组成的族记为 S'.求证:$(S')'=S$.

(例如 $X=\{1,2,3\}$,S 由 $\{1,2\}$,$\{2,3\}$,$\{1\}$ 三个集组成,则 S' 由 $\varnothing$,$\{3\}$,$\{1,2\}$,$\{2,3\}$ 组成.$(S')'$ 由 $\{1\}$,$\{1,2\}$,$\{2,3\}$ 组成.)

解　设集 $A\subseteq X$.如果 $A\notin S$,那么对 S 中每个包含 A 的集 B,$|B|>|A|$,从而 $2^{|B|-|A|}$ 是偶数,和

$$\sum_{A\subseteq B\in S}2^{|B|-|A|}$$

(对 S 中所有包含 A 的 B 求和)是偶数.

如果 $A\in S$,因为 $2^{|A|-|A|}=1$ 是奇数,所以

$$\sum_{A\subseteq B\in S}2^{|B|-|A|}$$

是奇数. 于是

$$X \text{ 的子集 } A \in S \Longleftrightarrow \sum_{A \subseteq B \in S} 2^{|B|-|A|} \text{ 是奇数}.$$

注意 $2^{|B|-|A|}$ 是集 B 中包含 A 的子集的个数, 所以 $\sum_{A \subseteq B \in S} 2^{|B|-|A|}$ 是包含 A, 而本身又被 S 中某个集 B 包含的集 C 的个数. 如果 C 是 S 中 m 个集的子集, 那么 C 对于这个和的 "贡献" 是 m, 即它在所述和中被计算了 m 次.

对于 S' 中包含 A 的集 C, 因为它包含在 S 的奇数个集中, 所以 C 对于和 $\sum_{A \subseteq B \in S} 2^{|B|-|A|}$ 的 "贡献" 是奇数.

X 的其他子集, 如果不包含 A, 它对于上述和的贡献为 0; 如果包含 A 而不在 S' 中, 则必被 S 的偶数个集包含, 从而对于上述和的贡献为偶数.

因此, $\sum_{A \subseteq B \in S} 2^{|B|-|A|}$ 的奇偶性与 $\sum_{A \subseteq C \in S'} 1$ (即 S' 中包含 A 的子集个数) 的奇偶性相同. 于是有

$$\text{集 } A \in S \Longleftrightarrow \sum_{A \subseteq B \in S} 2^{|B|-|A|} \text{ 为奇数}$$

$$\Longleftrightarrow \sum_{A \subseteq C \in S'} 1 \text{ 为奇数} \Longleftrightarrow A \in (S')',$$

所以,

$$S = (S')'.$$

7　抽屉原则

如果从集 X 到 Y 的映射 f 是单射,那么

$$|X| \leqslant |Y|.$$

换句话说,如果 $|X| > |Y|$,那么从 X 到 Y 的映射 f 一定不是单射.

更通俗的说法是:如果苹果(集 X 的元素)的个数多于篮子(集 Y 的元素)的个数,那么一定有一个篮子里的苹果数多于 1. 这就是所谓**抽屉原则**.

抽屉原则有很多应用.

【**例 1**】　求证:从实数数列

$$a_1, a_2, \cdots, a_{mn+1} \tag{1}$$

中可以选出一个有 $m+1$ 项的递增子列,或一个有 $n+1$ 项的递减子列(子列中各项的先后与原数列相同).

解　对数列(1)的每一项 a_i,有一组自然数 (x_i, y_i) 作为它的"坐标",这里 x_i 是从 a_i 开始的最长的递增子列的长,y_i 是从 a_i 开始的最长的递减子列的长.

如果恒有 $x_i \leqslant m, y_i \leqslant n (i=1, 2, \cdots, mn+1)$,那么从 $mn+1$ 元集

$$X = \{a_1, a_2, \cdots, a_{mn+1}\}$$

到 mn 元集

$$Y = \{(x_i, y_i) \mid x_i \leqslant m, y_i \leqslant n\}$$

的映射 f:

$$a_i \longmapsto (x_i, y_i)$$

不是单射,即必有 a_i 与 a_j ($i < j$) 具有相同的坐标. 但这是不可能的,因为当 $a_i \leqslant a_j$ 时,$x_i \geqslant x_j + 1$. 当 $a_i \geqslant a_j$ 时,$y_i \geqslant y_j + 1$. 这一矛盾表明至少有一个 a_i,它的坐标 $x_i \geqslant m + 1$ 或 $y_i \geqslant n + 1$.

【例2】 n^2 个格点 (i, j) 排成方阵 ($1 \leqslant i, j \leqslant n$),在每一个列中任取 k 个涂成红色,证明:当

$$k \geqslant \left[\frac{1}{2}(3 + \sqrt{4n - 3}) \right]$$

时,一定有四个红点组成一个矩形,矩形的边与坐标轴平行. (上式中,$[x]$ 表示 x 的整数部分.)

解 每一列有 C_k^2 个红点的"对",n 列共有 nC_k^2 个红点的对. 每个红点的对可以用一对坐标 (s, t) 表示 ($s < t$). s 是第一个红点所在的行数,t 是第二个红点所在的行数.

n 行,每两行组成一组,共有 C_n^2 个组,如果

$$nC_k^2 > C_n^2, \tag{2}$$

那么必有两个红点的对具有相同的坐标 (s, t),这就是说,在第 s 行与第 t 行有四个红点组成所述的矩形.

不等式 (2) 等价于 $k(k - 1) > n - 1$,从而当 $k > \dfrac{1 + \sqrt{4n - 3}}{2}$ 时不等式 (2) 成立. 因而,当 $k \geqslant \left[\dfrac{1}{2}(3 + \sqrt{4n - 3}) \right]$ 时有四个红点组成所述的矩形.

【**例 3**】　考虑方程组

$$
\left.
\begin{aligned}
a_{11}x_1 + a_{12}x_2 + \cdots + a_{1n}x_n &= 0,\\
a_{21}x_1 + a_{22}x_2 + \cdots + a_{2n}x_n &= 0,\\
&\cdots\cdots\\
a_{m1}x_1 + a_{m2}x_2 + \cdots + a_{mn}x_n &= 0,
\end{aligned}
\right\}
$$

其中系数 a_{ij} 为整数,不全为 0. 证明:当 $n \geqslant 2m$ 时,有一组整数解 $(x_1, x_2, \cdots, x_n)$ 满足

$$
0 < \max \mid x_j \mid \leqslant n(\max \mid a_{ij} \mid).
$$

解　先假定 $n = 2m$. 设 $A = \max |a_{ij}|, B = mA$. 集

$$
X = \{(x_1, x_2, \cdots, x_n) \mid |x_j| \leqslant B, j = 1, 2, \cdots, n\},
$$

$$
Y = \{(y_1, y_2, \cdots, y_m) \mid |y_i| \leqslant nAB, i = 1, 2, \cdots, m\}.
$$

映射 f:

$$
y_i = a_{i1}x_1 + a_{i2}x_2 + \cdots + a_{in}x_n \quad (i = 1, 2, \cdots, m)
$$

是从集 X 到 Y 的映射(因为

$$
\mid y_i \mid \leqslant \mid a_{i1} \mid \cdot \mid x_1 \mid + \mid a_{i2} \mid \cdot \mid x_2 \mid + \cdots + \mid a_{in} \mid \cdot \mid x_n \mid \leqslant nAB).
$$

因为

$$
\begin{aligned}
\mid X \mid &= (2B+1)^n = (2mA+1)^{2m}\\
&= (4m^2A^2 + 4mA + 1)^m\\
&> (2nAB + 1)^m = \mid Y \mid,
\end{aligned}
$$

所以必有 X 中两个不同元素

$$
(x_1', x_2', \cdots, x_n'), \quad (x_1'', x_2'', \cdots, x_n''),
$$

具有相同的像. 令

$$
x_j = x_j' - x_j'' \quad (j = 1, 2, \cdots, n),
$$

则 $(x_1, x_2, \cdots, x_n)$ 是方程组的解,并且

$$0 < \max |x_j| < \max |x_j'| + \max |x_j''| \leqslant 2B = nA.$$

如果 $n > 2m$，那么根据上面所证，方程组有解 $(x_1, x_2, \cdots, x_{2m}, 0, \cdots, 0)$ 满足

$$0 < \max |x_j| \leqslant 2mA < nA.$$

8 表数为 $2^j \cdot i$

【例1】 从 $\{1,2,\cdots,100\}$ 中取出 51 个数. 证明：其中一定有一个数是另一个数的倍数.

解 注意每一个自然数可以唯一地表示成 $2^j \cdot i$ 的形式，这里 j 是非负整数，而 i 是正奇数. 映射 $f:2^j \cdot i \mapsto i$ 是从集 $X \subset \{1,2,\cdots,100\}$ 到集 $Y=\{1,3,5,\cdots,99\}$ 的映射. 因为

$$|X| = 51 > |Y| = 50,$$

所以，必有 X 中两种不同的元素具有相同的像 i. 设这两个数分别为 $2^k \cdot i$ 与 $2^h \cdot i (k>h)$，则前者是后者的倍数.

【例2】 集 $\{1,2,\cdots,3000\}$ 中是否含有一个有 2000 个元素的子集 A，它满足性质：当 $x \in A$ 时，$2x \notin A$?

解 与例1相同，将每个自然数表成 $2^j \cdot i$ 的形式，i 为正奇数，j 为非负整数.

若集 A 满足条件：$x \in A$ 时，$2x \notin A$，则当 $2^j \cdot i \in A$ 时，$2^{j+1} \cdot i \notin A$. 因此，对每个奇数 i，A 与集合 $\{i,2i,2^2i,\cdots\}$ 的交的元数不多于集合 $\{i,2^2i,2^4i,\cdots\}$ 的元数. 从而，$|A|$ 不大于集合

$$\{1,3,\cdots,2999,1 \times 2^2,3 \times 2^2,\cdots,749 \times 2^2,1 \times 2^4,3 \times 2^4,$$

$$\cdots,187 \times 2^4,1 \times 2^6,3 \times 2^6,\cdots,45 \times 2^6,1 \times 2^8,$$

$$3 \times 2^8, \cdots, 11 \times 2^8, 1 \times 2^{10} \}$$

的元数,即

$$|A| \leqslant 1500 + 375 + 94 + 23 + 6 + 1 = 1999 < 2000.$$

因此,本题的答案是否定的.

9 运 算

如果对于集 X 中任意两个元素 a,b,都存在一个元素 $c \in X$ 与有序数组 (a,b) 对应,即有映射 f:

$$(a,b) \longmapsto c,$$

我们就说集 X 中定义了一种运算 f. 例如 X 是实数集,映射 f:

$$(a,b) \longmapsto a+b,$$

映射 g:

$$(a,b) \longmapsto ab$$

都是 X 中的运算(加法与乘法). 按照习惯,运算通常用"$\circ$""$*$"等符号表示,并且将"像"(运算的结果)用 $a \circ b$ 或 $a * b$ 等符号表示.

关于运算,有许多颇有技巧的问题.

【例】 集 X 中有运算 $\circ$,对 X 中所有元素 a,b,c,有

$$(a \circ c) \circ (b \circ c) = a \circ b, \tag{1}$$

并且 X 中有元素 e,对 X 中所有元素 a,有

$$a \circ e = a, \tag{2}$$

$$a \circ a = e. \tag{3}$$

定义运算 $*$ 为

$$a * b = a \circ (e \circ b). \tag{4}$$

证明：对 X 中所有元素 a,b,c，有

$$(a * b) * c = a * (b * c). \tag{5}$$

解　式(5)的意思是运算 $*$ 适合结合律（注意：并非所有运算都适合结合律，例如实数集中的减法就不适合结合律）．

由定义(4)，

$$(a * b) * c = (a * b) \circ (e \circ c) = (a \circ (e \circ b)) \circ (e \circ c),$$

$$a * (b * c) = a * (b \circ (e \circ c)) = a \circ (e \circ (b \circ (e \circ c))),$$

所以，我们只需证明

$$(a \circ (e \circ b)) \circ (e \circ c) = a \circ (e \circ (b \circ (e \circ c))). \tag{6}$$

由式(3)和(1)，

$$e \circ (b \circ a) = (a \circ a) \circ (b \circ a) = a \circ b, \tag{7}$$

因此式(6)右边成为

$$a \circ ((e \circ c) \circ b) = (a \circ (e \circ b)) \circ (((e \circ c) \circ b) \circ (e \circ b))$$

$$（由式(1)）$$

$$= (a \circ (e \circ b)) \circ ((e \circ c) \circ e) \quad （由式(1)）$$

$$= (a \circ (e \circ b)) \circ (e \circ c), \quad （由式(2)）$$

即式(6)成立．

10 同　　余

设 m 为正整数. 我们可以将整数集 $\mathbf{Z}$ 分为 m 类, 即

$$M_j = \{km + j \mid k \in \mathbf{Z}\} \quad (j = 0, 1, 2, \cdots, m-1).$$

它们称为模 m 的剩余类.

例如当 $m = 2$ 时, 有两个剩余类 M_0, M_1, 前者就是所有的偶数, 后者是所有的奇数.

如果 a, b 属于同一个剩余类, 那么 $a-b$ 能被 m 整除. 反过来, 如果 $a-b$ 能被 m 整除, 那么 a, b 属于同一个剩余类.

当 a, b 属于同一个剩余类时, 我们说 a 与 b (对于模 m) **同余**, 并记为

$$a \equiv b \pmod{m}.$$

"$\equiv$" 读作 "同余于", 它具有许多与等号类似的性质. 例如, 当

$$a \equiv b \pmod{m},$$
$$c \equiv d \pmod{m}$$

时, 有

$$a \pm c \equiv b \pm d \pmod{m},$$
$$ac \equiv bd \pmod{m}.$$

这些性质请读者自己根据定义去验证.

从每个剩余类中各取一个代表, 这样的 m 个数称为 "模 m 的一个完全剩余系", 简称完系. 例如 $\{0, 1, 2, \cdots, m-1\}$ 就

是一个完系.

　　在完系中,可以进行加法与乘法. 我们可以将和 $a+b$(或积 ab)用它在完系中的代表来代替. 例如当 $m=5$ 时,对完系 $\{0,1,2,3,4\}$ 中的元素 2,4 进行乘法,得

$$2 \times 4 = 8 \equiv 3(\mathrm{mod}\ 5).$$

　　所以,在这个完系中,2 与 4 的积是 3.

11 同 态

如果集 X 中有一种运算"$\circ$",集 Y 中有一种运算"$*$",f 是集 X 到 Y 的映射,并且"保持运算不变",即对于 X 中任意两个元素 x_1, x_2,有

$$f(x_1 \circ x_2) = f(x_1) * f(x_2),$$

我们就说 f 是一个"从 X 到 Y 的(关于运算$\circ$与$*$的)**同态**".

例如 X 是全体整数,$Y = \{0, 1, 2, \cdots, m-1\}$ 是模 m 的完系,f 是映射

$$km + j \mapsto j \quad (k \in X, j \in Y), \tag{1}$$

那么,对于 X 中任意两个元素 $k_1 m + j_1, k_2 m + j_2$,有

$$(k_1 m + j_1) + (k_2 m + j_2) \mapsto j_1 + j_2,$$

这里 $j_1 + j_2$ 如上一节所说用完系中与之同余的代表来代替. 因此,f 是从 X 到 Y 的关于"$+$"的同态. 易知 f 对于乘法也是同态.

如果同态 f 是一一对应,那么 f 称为**同构**.

例如,集 Y 为 1 的 n 次方根所成的集合,即

$$Y = \{\mathrm{e}^{\frac{2\pi i}{n} \cdot j} \mid j = 0, 1, \cdots, n-1\}.$$

令 f 为映射

$$j \mapsto \mathrm{e}^{\frac{2\pi i}{n} \cdot j} \quad (j = 0, 1, \cdots, n-1),$$

则 f 是模 n 的完系

$$X = \{0, 1, \cdots, n-1\}$$

到 Y 的映射,而且,对 X 中的加法"$+$"与 Y 中的乘法"$\times$",f 是同构.

　　同态有很多用处.例如,从整数集 $\mathbf{Z}$ 到(模 m 的)完系的映射 f(即映射(1))将一个无限集映成有限集,这就带来许多便利,在本章第 6 节已经采用过这个方法.

12　中国剩余定理

　　100 把锁,号码分别为 $1, 2, \cdots, 100$. 为保密起见,不将相应的钥匙编上同样的号码. 如果要求钥匙的号码由三个数字组成(首位数字可以是 0),并且内部的人看见锁的号码就知道用哪一把钥匙. 怎样满足这一要求?

　　满足上述要求的方法当然不限于一种. 最为简单易行的方法是取三个自然数 $3, 5, 7$,将锁的号码分别除以 $3, 5, 7$,所得的余数作为钥匙的号码. 例如 50 除以 $3, 5, 7$ 的余数分别为 $2, 0, 1$,所以相应的钥匙编号为 201.

　　现在的问题是这样的:(从锁的号码到钥匙号码的)映射是否是单射? 即会不会有两把锁的钥匙有相同的号码?

　　数论中有一个重要的定理告诉我们,这样的事情不会发生. 这个定理称为中国剩余定理(举世公认这是中国人首先发现的). 它指出:若自然数 $m_1, m_2, \cdots, m_k$ 两两互素,则对于任一组整数 $a_1, a_2, \cdots, a_k$,方程组

$$x \equiv a_1 (\bmod\ m_1),$$
$$x \equiv a_2 (\bmod\ m_2),$$
$$\cdots\cdots$$
$$x \equiv a_k (\bmod\ m_k)$$

有且仅有一个解 $x \in \{1, 2, \cdots, m_1 m_2 \cdots m_k\}$.

　　所以,在编号不超过 $105 (= 3 \times 5 \times 7)$ 的锁中,每把锁的钥匙号码均不相同.

13 群

如果集 X 中有一种运算"$\circ$"适合结合律,并且对于 X 中任意两个元素 a,b,方程

$$a \circ x = b \qquad\qquad (1)$$

与

$$y \circ a = b \qquad\qquad (2)$$

都有解(注意:我们并未假定"$\circ$"适合交换律,所以方程(1),(2)的解不一定相同),那么,X 就称为群.

例如,实数集对于加法成群,非零实数集对于乘法成群,模 m 的完系 $\{0,1,\cdots,m-1\}$ 对于加法成群.

如果集 X 是群,那么对于任一 $a \in X$,映射:

$$x \longmapsto a \circ x \quad (x \in X)$$

一定是单射,理由如下:

设有 x',x,满足

$$a \circ x' = a \circ x. \qquad\qquad (3)$$

因为方程

$$x \circ z = x'$$

有解 z,方程

$$y \circ (a \circ x) = x$$

有解 y,所以在等式(3)两边左"乘"(运算 $\circ$ 常常称作乘法)

y,得

$$y \circ (a \circ x') = y \circ (a \circ x),$$

而该式右边为 x,左边为

$$y \circ (a \circ (x \circ z)) = (y \circ (a \circ x)) \circ z = x \circ z = x',$$

因此 $x' = x$.

同样,对每一 $b \in X$,映射

$$y \mapsto y \circ b \quad (y \in X)$$

也是单射.

反过来,如果集 X 是有限集,X 中的运算"$\circ$"适合结合律,并且对任意的 $a,b \in X$,映射

$$x \mapsto a \circ x \quad (x \in X) \tag{4}$$

与

$$y \mapsto y \circ b \quad (y \in X) \tag{5}$$

都是单射,那么 X 一定是群. 理由是:对于任意 $a,b \in X$,因为映射(4)是单射,所以 $a \circ x$ 互不相同,从而 $a \circ x$ 的个数等于 $|X|$,集合

$$\{a \circ x \mid x \in X\} = X,$$

方程(1)一定有解. 同样,方程(2)有解.

群是一个极为重要的数学概念.

14 缩 系

模 m 的完全剩余系 $\{0,1,2,\cdots,m-1\}$，对于乘法来说不是群. 因为当 $m>1$ 时，

$$(0=)0 \cdot x \equiv 1 (\bmod\ m)$$

显然无解. 但 $0,1,\cdots,m-1$ 中与 m 互素的那些数，我们称之为模 m 的**缩系**(缩化剩余系)，则对于乘法形成群. 事实上，对缩系 X 中任一元素 a，如果有

$$ax \equiv ax'(\bmod\ m),$$

那么

$$a(x-x') \equiv 0(\bmod\ m),$$

即 $a(x-x')$ 能被 m 整除. 因为 a 与 m 互素，所以 $x-x'$ 能被 m 整除，即

$$x \equiv x'(\bmod\ m).$$

这就是说，映射

$$x \mapsto ax \quad (x \in X) \tag{1}$$

是单射，从而 X 是群.

缩系 X 的元数就是第一章第 7 节例 2 中的函数 $\varphi(n)$，它被称为欧拉函数.

【例】 证明欧拉定理：当 a 与 m 互素时，

$$a^{\varphi(m)} \equiv 1(\bmod\ m), \tag{2}$$

解　由于映射(1)是单射,

$$X = \{ax \mid x \in X\},$$

从而乘积

$$\prod_{x \in X} x \equiv \prod_{x \in X} (ax) \equiv a^{\varphi(m)} \prod_{x \in X} x \pmod{m}.$$

约去 $\displaystyle\prod_{x \in X} x$(这又是因为映射 $y \mapsto (\displaystyle\prod_{x \in X} x) \cdot y$ 是单射, $y \in X$),得

$$a^{\varphi(m)} \equiv 1 \pmod{m}.$$

点评　当 m 为素数 p 时,它的缩系

$$X = \{1, 2, \cdots, p-1\},$$

而

$$\varphi(p) = \mid X \mid = p - 1,$$

这时欧拉定理成为(当 a 与 p 互素时)

$$a^{p-1} \equiv 1 \pmod{p},$$

它称为费马(P. S. de Fermat)小定理.

15 洗牌问题

【例】 若将位置分别为 $1, 2, \cdots, 2n$ 的 $2n$ 张牌的顺序改变为 $n+1, 1, n+2, 2, \cdots, n-1, 2n, n$,称为一次"洗牌".是否可以经过若干次这样的洗牌,使每张牌都回到原来的位置上?

解 令 $m = 2n+1$.每一次洗牌是一个映射.牌的位置序号

$$x \mapsto 2x \pmod{m}, \quad x \in \{1, 2, \cdots, 2n\}.$$

经过 k 次洗牌(k 次复合映射),x 成为

$$2^k x \pmod{m}.$$

因为 2 与 m(奇数)互素,所以根据欧拉定理,

$$2^{\varphi(m)} \equiv 1 \pmod{m}.$$

当 $k = \varphi(m)$ 时,便有

$$2^k x \equiv x \pmod{m},$$

即每一张牌回到原来的位置.

点评 顺便说一下第 1 节遗留下来的问题.注意对角线上的元素是

$$2i - 1 \pmod{n} \quad (i = 1, 2, \cdots, n).$$

因为 n 为奇数,2 与 n 互素,所以

$$i \mapsto 2i \quad (i = 1, 2, \cdots, n)$$

是单射,从而

$$i \longmapsto 2i - 1 (\bmod\ n) \quad (i = 1, 2, \cdots, n)$$

也是单射,即 $2i-1(\bmod\ n)$ 互不相同,它们构成模 n 的完系,因而这些元素组成集 $\{1, 2, \cdots, n\}$.

16　紧凑的日程表

【例】　$1,2,3,\cdots,7,8$ 这八个篮球队进行循环赛,即每两队之间均比赛一场,所以每场比赛可以看作是 $\{1,2,3,\cdots,7,8\}$ 的一个二元子集,共需进行 $C_8^2=\dfrac{8\times 7}{2}=28$ 场比赛.

为保证各队的休息,每队每天至多进行一场比赛.这样,由于每队需赛 7 场,至少需 7 天才能赛完.但是,7 天是否一定能够赛完? 能否安排一张紧凑的日程表,使每个队每天都恰好比赛一场?

解　这样的日程表是存在的,但并不容易排(建议读者先试一试).我们的排法是利用同余.

先考虑前 7 个队 $1,2,\cdots,7$ 的比赛.如果
$$i+j\equiv k(\mathrm{mod}\ 7),$$
我们就令 i 与 j 两个队在第 k 天比赛.

在这样的安排下,前 7 个队每天至多赛一场.事实上,在第 k 天 i 的对手是 $k-i$(如果 $k>i$)或 $7+k-i$(如果 $k\leqslant i$).除非
$$i\equiv k-i(\mathrm{mod}\ 7),\tag{1}$$
这时 i 没有比赛.

式(1)即

$$2i \equiv k \pmod 7, \qquad\qquad (2)$$

两边同乘以 4,便得

$$i \equiv 4k \pmod 7.$$

所以,在第 $1,2,\cdots,7$ 天没有比赛的队分别为 $4,1,5,2,$ $6,3,7$.

对于每个 $i,k-i \pmod 7$ 互不相同($k=1,2,\cdots,7$),所以 i 与其他 6 个队各比赛了一场.

现在让第 8 个队参加进来,和当天没有比赛的队比赛 (即第 k 天与 $4k \pmod 7$ 比赛). 这样,经过 7 天,每两个队都恰好比赛一次.

点评　这里的 8,可以换成一般的偶数 $2n$. 结论是:至少要用 $2n-1$ 天(如果每队每天至多赛一场),而且 $2n-1$ 天确实可以赛完. 日程表的安排与上面相同,即在第 k 天($k=1,$ $2,\cdots,2n-1$),对于 $i\in\{1,2,\cdots,2n-1\}$,并且 $i\not\equiv nk \pmod{2n-1}$,令 i 与 $k-i$ 比赛,而 $2n$ 与 $nk \pmod{2n-1}$ 比赛,这里 $nk \pmod{2n-1}$ 就是方程

$$i \equiv k-i \pmod{2n-1}$$

的解.

如果是 $2n-1$ 个队,也需要 $2n-1$ 天才能赛完(如果每队每天至多赛一场),因为第一天有一个队轮空,这个队以后需用 $2n-2$ 天进行 $2n-2$ 场比赛,所以至少要用 $2n-1$ 天. 另一方面,$2n$ 个队可用 $2n-1$ 天赛完,$2n-1$ 个队当然也可用 $2n-1$ 天赛完. 而且,可以借用 $2n$ 个队的日程表,只是凡与 $2n$ 比赛的队作为轮空.

17　图 形 的 妙 用

采用适当的图形,可以帮助我们解决一些困难的问题.

【例】　实数 $a_1, a_2, \cdots, a_{100}$ 满足条件

$$a_1 + a_2 + \cdots + a_{100} < 900,$$

$$a_1^2 + a_2^2 + \cdots + a_{100}^2 > 30000.$$

证明:$a_1, a_2, \cdots, a_{100}$ 中有三个数 $a_i, a_j, a_k (1 \leqslant i < j < k \leqslant 100)$,满足

$$a_i + a_j + a_k > 100.$$

解　不妨设

$$a_1 \geqslant a_2 \geqslant \cdots \geqslant a_{100}, \tag{1}$$

要证明

$$a_1 + a_2 + a_3 > 100. \tag{2}$$

不等式(2)是不容易建立的.不过,图形可以给我们指明道路.注意实数 a_i 可以表示线段的长,而 a_i^2 则是边长为 a_i 的正方形的面积.于是,我们作出边长分别为 $a_1, a_2, \cdots, a_{100}$ 的正方形.再作出 3 个边长为 100 的正方形,排成一列,并成一个矩形 $ABCD$.

已知条件 $a_1^2 + a_2^2 + \cdots + a_{100}^2 > 30000$ 表明:边长分别为 a_i $(i = 1, 2, \cdots, 100)$ 的这 100 个正方形的面积之和,超过矩形 $ABCD$ 的面积.

采用反证法. 如果不等式(2)不成立,则有

$$a_1 + a_2 + a_3 \leqslant 100. \tag{3}$$

不等式(3)表明矩形 $ABCD$ 可以分成三个矩形,每一个的长都是 300,而宽分别为 a_1, a_2, a_3'(这里 $a_3' \geqslant a_3$). 将这 3 个矩形排成一列,宽为 a_2 的紧靠在宽为 a_1 的旁边,宽为 a_3' 的紧靠在宽为 a_2 的旁边,形成一个长为 900 的"三层楼梯".

已知条件

$$a_1 + a_2 + \cdots + a_{100} < 900$$

表明,这"三层楼梯"的长足够将边长为 $a_i(i=1,2,\cdots,100)$ 的 100 个正方形顺次排下. 而不等式(3)表明前三个正方形可以放在"第一层楼梯"内, a_i 的递减性表明可以将其他正方形顺次排下,它们的"高"不会越出这个"三层楼梯".

这就导致矛盾,从而必有

$$a_1 + a_2 + a_3 > 100.$$

18 横 竖 一 样

某城市进行住房统计,如果用 c_k 表示住户不少于 k 人的住宅数($k=1,2,\cdots$),又将各个住宅里住户的人数排成 $d_1 \geqslant d_2 \geqslant d_3 \geqslant \cdots$. 证明:

(ⅰ) $c_1+c_2+\cdots=d_1+d_2+d_3+\cdots$;

(ⅱ) $d_1^2+d_2^2+\cdots=c_1+3c_2+5c_3+\cdots$;

(ⅲ) $c_1^2+c_2^2+\cdots=d_1+3d_2+5d_3+\cdots$.

解 (ⅰ) 解决问题的钥匙是利用适当的图形. 将每一个人用一个星号表示,图 1 中的每一列表示一所住宅中的人数($d_1 \geqslant d_2 \geqslant d_3 \geqslant \cdots$).

```
*   *   *   *
*   *   *   *
*   *   *   *
*   *   *   *
      ......
*   *   *   *
*   *   *   *
*   *   *
*
```

图 1

图中星号的总数即 $d_1 + d_2 + d_3 + \cdots$.

另一方面,图中第一行的星号数恰好是 c_1,第二行的星号数是 c_2,……所以,图中星号的总数即 $c_1 + c_2 + c_3 + \cdots$. 从而(ⅰ)成立.

点评　一般地,对于一个阵列中的点,先横数,再求和;与先纵数,再求和;所得的结果必然相同. 这"横竖一样",往往能导出一些有用的等式.

(ⅱ) 仍旧利用图 1. 第一行保持不变,让第二行的人(星号)像孙悟空那样"分身有术",每个人变成 3 个人,第三行的每个人变成 5 个人,……,最后一行(第 d_1 行)的每个人变成 $2d_1 - 1$ 个人.

如果纵数,那么第一列人数之和为
$$1 + 3 + 5 + \cdots + (2d_1 - 1) = d_1^2,$$
第 $2,3,\cdots$ 列人数之和分别为 $d_2^2, d_3^2, \cdots$,所以人数的总和是 $d_1^2 + d_2^2 + d_3^2 + \cdots$.

另一方面,横数时,各行人数分别为 $c_1, 3c_2, 5c_3, \cdots$,所以 (ⅱ)成立.

(ⅲ) 将(ⅱ)中行、列互换,即可得证.

19　图 论 问 题

【例】　6 个人参加一个集会. 每两个人或者互相认识,或者互不相识. 证明:必存在两个集合,每个集合由 3 个人组成,在同一集中的成员互相认识或者互不相识(这两个集合可以有公共成员).

解　首先,我们用点来代表人. 如果两个人互相认识,就在相应的两个点之间连一条红线;否则,就连一条蓝线. 这就得到一个由六个点及若干条红、蓝线组成的图.

问题是要证明这个图中一定有两个三角形,每一个三角形的三条边是同一种颜色. 这种三角形,我们称之为同色三角形,或者红三角形(三边全是红色)、蓝三角形(三边全是蓝色).

一共有

$$C_6^3 = \frac{6 \times 5 \times 4}{2 \times 3} = 20$$

个三角形. 设其中同色的三角形有 x 个,要证明 $x \geqslant 2$.

如果边 AB, AC 颜色相同,就说 AB, AC 是从 A 点发出的一组同色箭;否则,说 AB, AC 是从 A 点发出的一组异色箭.

每一个同色三角形中有三组同色箭(每个顶点发出一

组),每一个不同色的三角形中有两条边同色,因而只有一组同色箭.于是,共有

$$3x+(20-x)=2x+20$$

组同色箭.

另一方面,对每一点 A, A 发出的五条线中若有 r 条红,$5-r$ 条蓝,则有

$$C_r^2+C_{5-r}^2 \quad (0 \leqslant r \leqslant 5)$$

组自 A 发出的同色箭.上式在 $r=2$ 或 $r=3$ 时取最小值 4.因此,图中至少有

$$6 \times 4 = 24$$

组同色箭.于是

$$2x+20 \geqslant 24,$$

从而

$$x \geqslant 2.$$

另解　自点 A 发出

$$r(5-r) \leqslant 2 \times 3 = 6$$

组异色箭,因此,图中至多有

$$6 \times 6 = 36$$

组异色箭.

每一个不同色的三角形恰有两组异色箭,因此不同色三角形的个数 $\leqslant \dfrac{6 \times 6}{2}=18$,从而至少有

$$C_6^3 - 18 = 2$$

个同色三角形.

20 外切的圆

【例】 一条直线上有 k 个点. 对每一对点 A,B, 以 AB 为直径作圆, 每个圆涂上 n 种颜色中的一种(所给的 k 个点不涂色). 如果每两个外切的圆涂上的颜色均不相同, 证明: $k \leqslant 2^n$.

解 对于 k 个点中的每一点 A, 定义 A 的"坐标"为 n 种颜色的一个子集 x_A, x_A 由过 A 点, 并且在 A 点右方的那些圆的颜色组成.

由第二章第 4 节例 2, 我们知道 n 元集共有 2^n 个子集. 因此, 当 $k > 2^n$ 时, 必有两个点 A,B 的坐标相同: $x_A = x_B$ (抽屉原则).

不妨设 B 在 A 的右面. 以 A,B 为直径的圆 Γ, 它的颜色在 x_A 中, 因而也在 x_B 中, 从而有一个过 B 且在 B 右方的圆 Γ', 与 Γ 具有相同的颜色, Γ 与 Γ' 外切. 这与已知矛盾. 所以必有 $k \leqslant 2^n$.

另解 设 k 个点(从左到右)依次为

$$A_1, A_2, \cdots, A_k.$$

我们可以假定它们所在的直线已经被卷成一个圆. 如果 $j > i$, 就作一条从 A_j 到 A_i 的向量, 并且与原来以 $A_i A_j$ 为直径的圆涂上相同的颜色. 这样得到一个涂有颜色的有向图

（边 A_iA_j 是有方向的）. 要证明当 $k>2^n$ 时, 这个图中存在两个同色的向量 A_iA_j, A_jA_t $(i<j<t)$.

当 $n=1$ 时, $k\geqslant 3$, A_1A_2, A_2A_3 即为所求.

假定结论对于 $n-1$ 成立. 考虑 n 种颜色, 设其中一种颜色为红. 将点 $A_1,A_2,\cdots,A_k$ 分为两类:

$M_1 = \{A_i \mid$ 有一条指向 A_i 的红色向量 $A_iA_j(i<j)\}$,

$M_2 = \{A_1,A_2,\cdots,A_k\}\backslash M_1$.

如果 $k>2^n$, 那么 $|M_1|>2^{n-1}$ 与 $|M_2|>2^{n-1}$ 中至少有一个成立.

当 $|M_1|>2^{n-1}$ 时, 如果 M_1 中的点组成的向量中没有红色向量, 那么由归纳假设, 结论成立. 如果 M_1 中的点组成的向量中有一条红色向量 $A_iA_j(i<j)$, 那么由于 $A_j\in M_1$, 必有红色向量 $A_jA_t(j<t)$, 结论成立.

当 $|M_2|>2^{n-1}$ 时, 由于 M_2 中的点组成的向量中无红色向量, 由归纳假设, 结论成立.

21 兰福德问题

一位数学爱好者兰福德(C. Dudley Langford)在《数学公报》杂志(*Mathematical Gazette* 42(1958)，p. 228)上提出了一个有趣的问题. 他说：

"几年前，我的儿子还很小，他常常玩彩色木块. 每种颜色的木块各有两块. 有一天，他把木块排成一列，两块红的间隔 1 块，两块蓝的间隔 2 块，两块黄的间隔 3 块. 我发现可以添上一对绿的，间隔 4 块，不过需要重新排列.

一般地，是否可以将两个 1，两个 2，$\cdots$，两个 n 排成一列，使两个 1 之间有 1 个数，两个 2 之间有 2 个数，两个 3 之间有 3 个数，$\cdots$，两个 n 之间有 n 个数？"

例如，当 $n=4$ 时(即红蓝黄绿四种颜色)，

$$23421314$$

就是一个合乎要求的排列.

并不是对所有的 n 都有合乎要求的排列存在. 1986 年，我国在南开大学举办的数学冬令营中，曾为选拔参加 IMO(国际奥林匹克数学竞赛)的选手出过下面的问题：

【例 1】 能否将两个 1，两个 2，$\cdots\cdots$，两个 1986 排成一列，使两个 i 之间恰好相隔 i 个数($i=1,2,\cdots,1986$)？(这是

兰福德问题的特殊情况：$n=1986$.)

解　假定有一个满足要求的排列,这时每一个数 $i\in\{1,2,\cdots,1986\}$ 有两个"坐标",前一个坐标 x_i 是 i 第一次出现时的位置,后一个坐标 y_i 是 i 第二次出现的位置. 显然

$$y_i = x_i + i + 1. \tag{1}$$

现在用两种方法考虑所有坐标的和(的奇偶性). 一方面,坐标的和应为

$$1+2+3+\cdots+2\times1986 = \frac{2\times1986\times(2\times1986+1)}{2}$$
$$= 1986\times(2\times1986+1),$$

是一偶数.

另一方面,每个 $i\in\{1,2,\cdots,1986\}$ 的两个坐标之和为

$$x_i + y_i = 2x_i + i + 1, \qquad \text{(利用式(1))}$$

因而所有坐标之和为

$$\sum_i 2x_i + \sum_i (i+1) = 偶数 + \frac{1986\times(1986+3)}{2},$$

是一奇数. 矛盾! 故答案是不能排.

点评　对于一般的 n,采用上面的比较奇偶性的方法,可以得出结论：

当 $n\equiv1$ 或 $2(\bmod\ 4)$ 时,上述排列不存在.

【例2】　当 $n\equiv0$ 或 $3(\bmod\ 4)$ 时,上述的排列是否一定存在?

解　答案是肯定的. 不但所述的排列一定存在,而且当 n 增大时,合乎要求的排列数大得惊人. 当 $n=3,4$ 时虽仅有一

种,当 $n=7$ 时就有 27 种之多(我们将一个排列与它的"颠倒"——改从左到右数为从右到左数,算作同一个).

但设计一种方法,使对所有的 $n\equiv 0$ 或 $3\pmod 4$,都能构造出满足要求的排列并不很容易.这个问题是戴维斯(Roy. O. Davies)解决的(*Mathematical Gazette* 43(1958),pp. 253～255),方法如下:

(a) 对于 $n=4m(m>1)$,排法是

$$\overbrace{4m-4,4m-2,\cdots,2m}^{\text{连续}m\text{个偶数}},4m-2,\overbrace{2m-3,2m-5,\cdots,1}^{\text{连续}m\text{个奇数}},$$

$$4m-1,\overbrace{1,3,\cdots,2m-3}^{\text{连续}m\text{个奇数}},\overbrace{2m,\cdots,4m-4}^{\text{连续}m\text{个偶数}},4m,$$

$$\overbrace{4m-3,\cdots,2m+1}^{\text{连续}m\text{个奇数}},4m-2,\overbrace{2m-2,\cdots,2}^{\text{连续}m\text{个偶数}},2m-1,$$

$$4m-1,\overbrace{2,\cdots,2m-2}^{\text{连续}m\text{个偶数}},\overbrace{2m+1,\cdots,4m-3}^{\text{连续}m\text{个奇数}},2m-1,4m.$$

例如,当 $m=2$ 时,得到

$$4617148562372538.$$

(b) 对于 $n=4m-1(m>1)$,排法是

$$\overbrace{4m-4,\cdots,2m}^{\text{连续}m\text{个偶数}},4m-2,\overbrace{2m-3,\cdots,1}^{\text{连续}m\text{个奇数}},4m-1,$$

$$\overbrace{1,\cdots,2m-3}^{\text{连续}m\text{个奇数}},\overbrace{2m,\cdots,4m-4}^{\text{连续}m\text{个偶数}},2m-1,$$

$$\overbrace{4m-3,\cdots,2m+1}^{\text{连续}m\text{个奇数}},4m-2,\overbrace{2m-2,\cdots,2}^{\text{连续}m\text{个偶数}},2m-1,4m-1,$$

$$\overbrace{2,\cdots,2m-2}^{\text{连续}m\text{个偶数}},\overbrace{2m+1,\cdots,4m-3}^{\text{连续}m\text{个奇数}}.$$

例如,当 $m=2$ 时,得到

$$46171435623725.$$

于是,有定理:当且仅当 $n\equiv 0$ 或 $3(\bmod 4)$ 时,可以将两个 1,两个 2,……,两个 n 排成一列,使两个 i 之间恰好间隔 i 个数$(i=1,2,\cdots,n)$.

点评　对于 $n\equiv 1,2(\bmod 4)$,符合上述要求的排列不存在.但可以将两个 1,两个 2,……,两个 n 排成一列,使两个 i 之间恰好间隔 i 个数$(i=1,2,\cdots,n-1)$,两个 n 之间间隔 $n-1$ 个数,并且最后一个数是 n.

（a）对于 $n=4m-2(m\geqslant 3)$,排法是

$$1,2m-3,1,\overbrace{4m-8,\cdots,2m-2}^{\text{连续}m-2\text{个偶数}},\overbrace{2m-5,\cdots,3}^{\text{连续}m-3\text{个奇数}},$$

$$4m-3,2m-3,4m-6,\overbrace{3,\cdots,2m-5}^{\text{连续}m-3\text{个奇数}},4m-4,$$

$$\overbrace{2m-2,\cdots,4m-8}^{\text{连续}m-2\text{个偶数}},4m-2,\overbrace{4m-5,\cdots,2m-1}^{\text{连续}m-1\text{个奇数}},$$

$$\overbrace{2m-4,\cdots,2}^{\text{连续}m-2\text{个偶数}},4m-6,4m-3,\overbrace{2,\cdots,2m-4}^{\text{连续}m-2\text{个偶数}},$$

$$4m-4,\overbrace{2m-1,\cdots,4m-5}^{\text{连续}m-1\text{个奇数}},4m-2.$$

此外,当 $m=1$ 时,排列为 1212. 当 $m=2$ 时,排列为

$$141536423526.$$

（b）对于 $n=4m-3(m\geqslant 3)$,排法是

$$\overbrace{4m-6,\cdots,2m-2}^{\text{连续}m-1\text{个偶数}},4m-5,\overbrace{2m-5,\cdots,1}^{\text{连续}m-2\text{个奇数}},4m-4,$$

$$\overbrace{1,\cdots,2m-5}^{\text{连续}m-2\text{个奇数}},\overbrace{2m-2,\cdots,4m-6}^{\text{连续}m-1\text{个偶数}},4m-3,$$

$$\overbrace{4m-7,\cdots,2m-1}^{\text{连续}m-2\text{个奇数}},4m-5,\overbrace{2m-4,\cdots,2}^{\text{连续}m-2\text{个偶数}},$$

$$2m-3,4m-4,\overbrace{2,\cdots,2m-4}^{\text{连续}m-2\text{个偶数}},$$

$$\overbrace{2m-1,\cdots,4m-7}^{\text{连续}m-2\text{个奇数}},2m-3,4m-3.$$

此外,当 $m=1$ 时,排列为 $1,1$. 当 $m=2$ 时,排列为

$$2342531415.$$

22   斯科伦问题

斯科伦(A. T. Skolem,1887~1963)在研究施泰纳系(组合学中的一个重要问题)时,导出下面的问题.

【例】   能否将 $1,2,\cdots,2n$ 这 $2n$ 个数分成 n 对 (a_r,b_r) $(r=1,2,\cdots,n)$,使得

$$b_r - a_r = r \quad (r=1,2,\cdots,n)?$$

例如,当 $n=5$ 时,$1,2,3,4,5,6,7,8,9,10$ 可以分成 5 对,即

$$(8,9),(3,5),(1,4),(6,10),(2,7),$$

各对的差分别为 $1,2,3,4,5$.

解   这个问题与上一节的问题极为类似. 如果 $1,2,\cdots,2n$ 能分成 n 对 (a_r,b_r) 满足所述要求,那么先将 $1,2,\cdots,2n$ 由小到大排列,再将其中与 a_r,b_r 对应的数都改成 r,就产生一个长为 $2n$ 的排列,由两个 1,两个 2,……,两个 n 组成,两个 r 之间恰好间隔 $r-1$ 个数($r=1,2,\cdots,n$,上一节两个 r 之间恰好间隔 r 个数). 反过来,如果两个 1,两个 2,……,两个 n 能排成一列,使两个 r 之间恰好间隔 $r-1$ 个数,那么将两个 r 分别用它们在这个数列里的项数 a_r,b_r 来代替,就有 $b_r - a_r = r(r=1,2,\cdots,n)$.

　　在上面的例子($n=5$)中,所述的分组对应于排列

$$3523245114.$$

再如排列

$$864292468751193573$$

与 $1,2,\cdots,18$ 的分组

$$(1,9),(2,8),(3,7),(4,6),(5,14),$$

$$(10,17),(11,16),(12,13),(15,18)$$

对应,各组的差分别为 $8,6,4,2,9,7,5,1,3$.

　　用上节比较奇偶性的方法,可以证明:如果两个 1,两个 2,$\cdots\cdots$,两个 n 可以排成一列,使两个 r 之间恰好间隔 $r-1$ 个数($r=1,2,\cdots,n$),那么 $n\equiv0$ 或 $1(\bmod\ 4)$.并且,采用上节的构造方法,还可以证明:当 $n\equiv0$ 或 $1(\bmod\ 4)$ 时,可以将两个 1,两个 2,$\cdots\cdots$,两个 n 排成一列,使两个 r 之间恰好间隔 $r-1$ 个数.这只要将上节中的每个数都加上 1,然后在最前面(或最后面)添上两个 1,上节 $n\equiv0$ 或 $3(\bmod\ 4)$ 的排列就分别产生本节 $n\equiv1$ 或 $0(\bmod\ 4)$ 的排列.于是,对于本例问题,我们可以说:

　　当且仅当 $n\equiv0$ 或 $1(\bmod\ 4)$ 时,$\{1,2,\cdots,2n\}$ 可以分为 n 对 (a_r,b_r),满足 $b_r-a_r=r$,其中 $r=1,2,\cdots,n$.

　　所说的分组法当然不止一种.斯科伦在 1957 年解决这个问题时,利用了班(Bang)的方法,所作的分组由下面的表格给出.

　　(a) 当 $n=4m+1$ 时

差	数组	差	数组
2	$(6m+1,6m+3)$	1	$(m+1,m+2)$
4	$(6m,6m+4)$	3	$(2m,2m+3)$
...	...	5	$(2m-1,2m+4)$
$4m-2r$	$(4m+2+r,8m+2-r)$	...	...
...	...	$2m-2r-1$	$(m+2+r,3m+1-r)$
$4m$	$(4m+2,8m+2)$	...	...
		$2m-3$	$(m+3,3m)$

左 $2m$ 个；右 $m-1$ 个

差	数组	差	数组
$2m-1$	$(2m+2,4m+1)$	$2m+1$	$(m,3m+1)$
$4m+1$	$(2m+1,6m+2)$	...	...
		$4m+1-2r$	$(r,4m+1-r)$
		...	...
		$4m-1$	$(1,4m)$

右 m 个

(b) 当 $n=4m$ 时

差	数组	差	数组
2	$(6m-1,6m+1)$	3	$(2m-1,2m+2)$
4	$(6m-2,6m+2)$	5	$(2m-2,2m+3)$
...	...	...	...
$4m-2r$	$(4m+r,8m-r)$	$2m-2r-3$	$(m+2+r,3m-1-r)$
...	...	...	...
$4m$	$(4m,8m)$	$2m-3$	$(m+2,3m-1)$

左 $2m$ 个；右 $m-2$ 个

差	数　组	差	数　　　组	
1	$(m, m+1)$	$2m+1$	$(m-1, 3m)$	
$2m-1$	$(2m, 4m-1)$	$2m+3$	$(m-2, 3m+1)$	
$4m-1$	$(2m+1, 6m)$	$\cdots$	$\cdots$	$\bigg\}m-1$个
		$4m-1-2r$	$(r, 4m-1-r)$	
		$\cdots$	$\cdots$	
		$4m-3$	$(1, 4m-2)$	

上节的方法也源自班.

有趣的是全体自然数可分成无穷对 (a_r, b_r),使

$$b_r - a_r = r \quad (r = 1, 2, \cdots),$$

如 $(1,2),(3,5),(4,7),(6,10),\cdots$ 就是一种(并不是唯一的一种),其中 $a_r = \left[\dfrac{1+\sqrt{5}}{2} r\right], b_r = a_r + r$,这里 $[x]$ 表示不超过 x 的最大整数.

习　题

1. 证明：在 $n \times n$ 的棋盘上，至多可放 $2n-2$ 只象互不相吃.

2. 设集 $A = \{1, 2, \cdots, n\}$.

（ⅰ）A 有多少个子集以 j 为最大元素（$1 \leqslant j \leqslant n$）？

（ⅱ）利用（ⅰ）的结论，导出 $1 + 2 + 2^2 + \cdots + 2^{n-1} = 2^n - 1$.

3. n 名网球选手（$n \geqslant 2$），每人均与其他 $n-1$ 名选手比赛一局，没有和局. 以 w_i, l_i 分别表示第 i 名选手获胜及失败的局数. 证明：

（ⅰ）$\displaystyle\sum_{i=1}^{n} w_i = \sum_{i=1}^{n} l_i$；

（ⅱ）$\displaystyle\sum_{i=1}^{n} w_i^2 = \sum_{i=1}^{n} l_i^2$.

4. 8 种不同的蛋糕，每种至少 12 只. 买 12 只蛋糕，有多少种不同的选法？

5. 7 颗相同的糖，分给 3 个兄弟.

（ⅰ）一共有多少种分法？

（ⅱ）若最小的兄弟至少得 1 颗，有多少种分法？

6. 从 n 双袜子中取出 m 只（$m \leqslant n$），每两只都不成双，有多少种取法？

7. n 个相同物件分到 k 个不同的盒子中，每个盒子至少

装 a 个$(ak\leqslant n)$,有多少种方法?

8. 证明:$C_{m+n-1}^n\leqslant m^n$.

9. 从 n 个排成一列的元素中选定 m 个,每两个之间至少有 r 个未选的元,有多少种不同的选法?

10. 圆周上顺次放着编号为 $1,2,\cdots,n$ 的球,从中选定 m 个,每两个之间至少有 r 个未选的球,有多少种不同的选法?

11. 设 $A_1,A_2,A_3,\cdots,A_n$ 均为有限集. 如果

$$\sum_{1\leqslant i<j\leqslant n}\frac{|A_i\bigcap A_j|}{|A_i|\cdot|A_j|}<1,$$

证明:$A_1,A_2,\cdots,A_n$ 有一组不同的代表,即存在元素 $a_1,a_2,\cdots,a_n$,满足条件:

（ⅰ）$a_i\in A_i$,其中 $i=1,2,\cdots,n$;

（ⅱ）对于 $i\neq j,a_i\neq a_j$.

12. （ⅰ）已知 8 个正整数 $a_1<a_2<\cdots<a_8\leqslant 16$. 证明:存在 k,使得 $a_i-a_j=k$ 至少有三组解(a_i,a_j);

（ⅱ）作一个自然数的集合$\{a_1,a_2,\cdots,a_8\}$,使对任意的 $k,a_i-a_j=k$ 至多有三组解.

13. 用 n 个数(允许重复)组成一个长为 N 的序列.

（ⅰ）若 $N>2^n$,证明:一定可以在这个序列中找出若干连续的项,其乘积为平方数;

（ⅱ）若 $N<2^n$,则(ⅰ)中结论不成立.

14. 如果每次洗牌将次序 $1,2,\cdots,2n$ 变为 $1,n+1,2,n+2,\cdots,n,2n$. 证明:至多经过 $2n-2$ 次洗牌,可使这 $2n$ 张牌都回到原来的位置.

15. 设自然数 $a_1 < a_2 < \cdots < a_k \leqslant n$,其中 $k > \left[\dfrac{n+1}{2}\right]$.

（ⅰ）证明：$a_i + a_j = a_r$ 一定有解；

（ⅱ）证明：当 $k = \left[\dfrac{n+1}{2}\right]$ 时,结论未必成立.

16. 如果 $a_1 < a_2 < \cdots < a_n \leqslant 2n$ 为 n 个自然数,且任两个的最小公倍数 $> 2n$,证明：$a_1 > \left[\dfrac{2n}{3}\right]$.

17. 设。为第四章第 9 节例题中定义的运算. 证明：对集 X 中元素 a,b,c,有 $(a \circ b) \circ c = a \circ (c \circ (e \circ b))$.

18. 已知函数 $y = f(x)$,$x \in \mathbf{R}$,$f(0) \neq 0$,且 $f(x_1) + f(x_2) = 2f\left(\dfrac{x_1 + x_2}{2}\right) \cdot f\left(\dfrac{x_1 - x_2}{2}\right)$. 试判断 $f(x)$ 是不是偶函数.

19. 设 X 是一个有限集,映射 f 使得 X 的每一个偶子集（元数为偶数的子集）E 都对应一个实数 $f(E)$,且满足条件：

（ⅰ）存在一个偶子集 D,使 $f(D) > 1990$;

（ⅱ）对于 X 的任意两个不相交的偶子集 A,B,有

$$f(A \bigcup B) = f(A) + f(B) - 1990.$$

求证：存在 X 的子集 P,Q,满足以下条件：

（a）$P \bigcap Q = \varnothing$,$P \bigcup Q = X$;

（b）对 P 的任何非空偶子集 S,有 $f(S) > 1990$;

（c）对 Q 的任何偶子集 T,有 $f(T) \leqslant 1990$.

20. 定义函数列为 $f_1(x) = 2x + 1$,$f_{n+1}(x) = f_1(f_n(x))$ $(n = 1,2,\cdots)$. 试证：对任意的 $n \in \{11, 12,$

$13, \cdots\}$, 必存在一个由 n 唯一确定的 $m_0 \in \{0, 1, \cdots, 1991\}$, 使 $1993 \mid f_n(m_0)$.

21. 已知集合 $S_n = \{a_1, a_2, \cdots, a_n\}$ 与集合 $M = \{0, 1, 2, \cdots, m-1\}$. $P(S_n)$ 表示 S_n 的全体子集(包括空集 $\varnothing$)所成的集. 映射 $f : P(S_n) \to M$ 具有性质:对 $P(S_n)$ 中任意两个元素 X_1, X_2, 有

$$f(X_1 \bigcup X_2) + f(X_1 \bigcap X_2) = f(X_1) + f(X_2).$$

试求:

(i) 满足 $f(\varnothing) = 0$ 的映射 f 的个数;

(ii) 满足 $f(\varnothing) = 1$ 的映射 f 的个数.

22. f 是自然数集 $\mathbf{N}$ 到集合 A 的映射. 对 $x, y \in \mathbf{N}$, 当 $x - y$ 为素数时, 恒有 $f(x) \neq f(y)$. 问:A 至少有几个元素?

23. 求满足下列条件的实系数多项式 $f(x)$:

(i) 对任意实数 $a, f(a+1) = f(a) + f(1)$;

(ii) 存在某一实数 $k_1 \neq 0$, 使

$$f(k_1) = k_2, f(k_2) = k_3, \cdots, f(k_{n-1}) = k_n, f(k_n) = k_1.$$

其中 n 为 $f(x)$ 的次数.

24. 试建立开区间 $(0, 1)$ 与闭区间 $[0, 1]$ 的一一对应.

25. 平面上的整点 $\{(x, y) \mid x, y$ 为整数$\}$ 与正整数可以建立一一对应. 试给出一种这样的对应.

26. g 是正整数集到自身的映射, 满足 $g(1) = 2, g(2) = 3, g(3) = 4, g(4) = 1, g(n) = n (n \geqslant 5)$. 有没有正整数集到自身的映射 f, 满足

$$f(f(n)) = g(n) + 2?$$

27. h 是正整数集到自身的映射,满足

$$h(1) = 3, h(2) = 4, h(3) = 2, h(4) = 1, h(n) = n(n \geqslant 5).$$

有没有正整数集到自身的映射 f,满足

$$f(f(n)) = h(n) + 2?$$

28. 已知 a, b, c, d 为非零实数,

$$f(x) = \frac{ax + b}{cx + d}, \quad x \in \mathbf{R},$$

并且 $f(19) = 19$, $f(97) = 97$. 如果当 $x \neq -\dfrac{d}{c}$ 时,均有 $f(f(x)) = x$,求 $f(x)$ 及 $f(x)$ 的值域.

29. X, Y 是两个集合. $\varnothing \neq B \subset A \subset X$. 证明:存在映射 $f: X \rightarrow Y$,使得

$$f(A - B) \neq f(A) - f(B),$$

并证明:当 f 为单射时,$f(A - B) = f(A) - f(B)$. 这里 $f(A)$ 指 A 中所有元素的像所成的集合.

30. 已知两个实数集 $A = \{a_1, a_2, \cdots, a_{100}\}$, $B = \{b_1, b_2, \cdots, b_{50}\}$. $f: A \rightarrow B$ 是满射,并且 $f(a_1) \leqslant f(a_2) \leqslant \cdots \leqslant f(a_{100})$. 这样的 f 有多少个?

31. 证明:存在唯一的映射 $f: \mathbf{R}^+ \rightarrow \mathbf{R}^+$,使得对任意 $x \in \mathbf{R}^+$,都有

$$f(f(x)) = 6x - f(x).$$

32. 对每个自然数 n,令 $f(n) = m$,这里自然数 m 满足以下条件:

（ⅰ）存在一个递增的自然数数列

$$n = a_1 < a_2 < \cdots < a_k = m,$$

使

$$a_1 a_2 \cdots a_k = \text{平方数}$$

（如果 n 是平方数，那么可取 $k=1$）；

（ⅱ）m 是使式子（1）成立的最小自然数.

证明：f 是从自然数集到集合$\{1\}\bigcup\{$合数$\}$的一一对应.

33. 求所有的函数 $f:\mathbf{Q}^+\rightarrow\mathbf{Q}^+$（正有理数集），满足

$$f(x) + f(y) + 2xyf(xy) = \frac{f(xy)}{f(x+y)}.$$

34. 已知 k 为正奇数，证明：存在一个严格递增的函数 $f:\mathbf{N}\rightarrow\mathbf{N}$，满足 $f(f(n))=kn$.

35. 有 m 个人参加聚会，满足条件：

（ⅰ）每个人在聚会上均有不认识的人；

（ⅱ）每三个人中，至少有两个人互不相识；

（ⅲ）每两个互不相识的人恰有一个公共朋友.

证明：每两个人的朋友数相等（约定甲认得乙则乙也认识甲）.

36. （ⅰ）若 g 为 $\mathbf{N}\rightarrow\mathbf{N}$ 的一一对应，a 为正奇数，证明：不存在函数 f，使得 $f(f(n))=g(n)+a$.

（ⅱ）考虑当 a 为 0 或正偶数时的情况.

37. 证明：存在函数 $f:\mathbf{N}\rightarrow\mathbf{N}$，满足 $f(f(n))=n^2$.

38. $p=4k+1$ 为素数，集 $S=\{(x,y,z)\in\mathbf{N}^3,x^2+4yz=p\}$.证明：

（ⅰ）$f:(x,y,z)\rightarrow\begin{cases}(x+2z,z,y-x-z),&x<y-z;\\(2y-x,y,x-y+z),&y-z<x<2y;\\(x-2y,x-y+z,y),&x>2y\end{cases}$

是 $S{\rightarrow}S$ 的映射,且恰有一个不动点;

（ⅱ）S 为有限集,并且 $|S|$ 为奇数;

（ⅲ）存在 $(x,y){\in}\mathbf{N}^2$,使 $x^2+4y^2=p$.

39. 已知 $f:\mathbf{R}{\rightarrow}\mathbf{R}$,对所有 $x,y{\in}\mathbf{R}$,

$$f(x^2-y^2) = xf(x) - yf(y).$$

求 $f(x)$.

40. 集合 $S=\{x\,|\,x$ 是十进制中的 9 位数,各位数字由 1, 2,3 组成\}.映射 $f:S{\rightarrow}\{1,2,3\}$,且对于 S 中任意一对相同数位上的数字均不相同的 $x,y,f(x){\neq}f(y)$.求 f 及其个数.

习题解答概要

1. 当 n 为偶数时,黑格组成 $n-1$ 条互相平行的斜线,每条斜线上至多放一只象,因此棋盘上至多放 $n-1$ 只黑象;同样,至多放 $n-1$ 只白象. 当 n 为奇数时,设第一行第一个方格为黑格,这时,用与上面完全同样的推理,可知至多放 $n-1$ 只白象. 另一方面,黑格全在 $n-2$ 条平行的斜线(包括一条对角线)及另一条对角线上,因而也至多能放 $n-1$ 只黑象.

2. (i) 2^{j-1} 个,即 $\{1,2,\cdots,j-1\}$ 的子集的个数.

(ii) 对 A 的非空子集分类,最大元素为 j 的分在第 j 类. 第 j 类的子集共 2^{j-1} 个,所以非空子集的总数为 $1+2+\cdots+2^{n-1}$. 另一方面,A 的非空子集共 2^n-1 个.

3. (i) $\sum\limits_{i=1}^{n} w_i$ 与 $\sum\limits_{i=1}^{n} l_i$ 都等于比赛的总局数 C_n^2.

(ii)
$$\sum_{i=1}^{n} w_i^2 - \sum_{i=1}^{n} l_i^2 = \sum_{i=1}^{n} (w_i + l_i)(w_i - l_i)$$
$$= \sum_{i=1}^{n} (n-1)(w_i - l_i)$$
$$= (n-1)\sum_{i=1}^{n} (w_i - l_i)$$
$$= (n-1)\left(\sum_{i=1}^{n} w_i - \sum_{i=1}^{n} l_i\right)$$
$$= 0.$$

4. $C_{8+12-1}^{12}=C_{19}^{12}=50388$.

5. (ⅰ) $C_{7+3-1}^{7}=C_{9}^{7}=36$.

(ⅱ) $C_{6+3-1}^{6}=C_{8}^{6}=28$.

6. $C_n^m\times 2^m$.

7. $C_{n-ak+k-1}^{k}$.

8. 左边是允许重复的组合数,右边是允许重复的排列数.

9. 每个选定的元吃掉“紧跟着它”的 r 个元,唯有最后一个选定的元大发善心,一个不吃. 这样,使每种选法对应于从 $n-mr+r$ 个元中选 m 个的选法,故有 C_{n-mr+r}^{m} 种选法.

10. 对每一种选法,我们取连续的 r 个未选定的元,自第 r 个后面将圆周切断. 由于有 $n-mr$ 个地方可以切断(设各选定元的间隔为 $k_1,k_2,\cdots,k_m$,则有 $\sum(k_i-r+1)=\sum k_i-mr+m=n-mr$ 个地方可以切断),每种选法产生 $n-mr$ 个排列. 取消编号后,上述每 n 个排列成为同一个. 再让每一个选定的元吃掉它后面的 r 个元,便知这种排列有 C_{n-mr}^{m} 个,因而,所求选法有 $\dfrac{n}{n-mr}C_{n-mr}^{m}$ 种.

11. 考虑从 $(1,2,\cdots,n)$ 到 $\bigcup\limits_{i=1}^{n}A_i$ 的映射. 其中满足条件 $f(i)\in A_i(i=1,2,\cdots,n)$ 的映射 f 共有 $|A_1|\cdot|A_2|\cdot\cdots\cdot|A_n|$ 个(因为 1 的像可以为 A_1 中任一个元,2 的像可以为 A_2 中任一个元,$\cdots\cdots$,n 的像可以为 A_n 中任一个元). 如果每个 f 都不是单射,则存在 $i,j(1\leqslant i<j\leqslant n)$ 满足 $f(i)=f(j)$. 因为 i,j 的像均为 $A_i\bigcap A_j$ 中的元,所以满足 $f(i)\in A_i(i=1,$

$2,\cdots,n)$的映射 f 的个数

$$\leqslant \sum_{1\leqslant i<j\leqslant n} \mid A_i \bigcap A_j \mid \times \frac{\mid A_1 \mid \cdot \mid A_2 \mid \cdot \cdots \cdot \mid A_n \mid}{\mid A_i \mid \cdot \mid A_j \mid}$$

$$= \mid A_1 \mid \cdot \mid A_2 \mid \cdot \cdots \cdot \mid A_n \mid \sum_{1\leqslant i<j\leqslant n} \frac{\mid A_i \bigcap A_j \mid}{\mid A_i \mid \cdot \mid A_j \mid}$$

$$< \mid A_1 \mid \cdot \mid A_2 \mid \cdot \cdots \cdot \mid A_n \mid,$$

矛盾！因而，必有一个 f 是单射. 这时，$f(1)=a_1,f(2)=a_2$，$\cdots,f(n)=a_n$ 即是满足条件的代表.

12.（ⅰ）用反证法. 若 $a_2-a_1,a_3-a_2,\cdots,a_8-a_7$ 中没有三个相等，则它们的和至少为

$$1+1+2+2+3+3+4=16,$$

但由已知，该和为 $a_8-a_1\leqslant16-1=15$. 矛盾！于是，必定存在 k，使 $a_i-a_j=k$ 至少有三组解.

（ⅱ）$\{1,2,3,4,7,9,12,16\}$ 即是一例.

13.（ⅰ）设序列为

$$b_1,b_2,\cdots,b_N \quad (b_i \in \{a_1,a_2,\cdots,a_n\},i=1,2,\cdots,N),$$

对每个 $j(1\leqslant j\leqslant N)$，定义 $v_j=(c_1,c_2,\cdots,c_n)$，其中

$$c_i = \begin{cases} 0, & a_i \text{ 在 } b_1,b_2,\cdots,b_j \text{ 中出现偶数次或不出现;} \\ 1, & a_i \text{ 在 } b_1,b_2,\cdots,b_j \text{ 中出现奇数次.} \end{cases}$$

如果有某个 $v_j=(0,0,\cdots,0)$，那么在积 $b_1b_2\cdots b_j$ 中，每个 a_i 的次数都是偶数，因此积为平方数.

如果每个 v_j 都 $\neq(0,0,\cdots,0)$，那么因为

$$\mid \{(c_1,c_2,\cdots,c_n) \mid c_i = 0 \text{ 或 } 1,i=1,2,\cdots,n\}\backslash\{0,0,\cdots,0\} \mid$$

$$= 2^n-1 < N,$$

所以必有 $h,k(1\leqslant h<k\leqslant N)$ 满足 $v_h=v_k$，于是在乘积 $b_1b_2\cdots$ b_h 与 $b_1b_2\cdots b_k$ 中，每个 a_i 出现的次数具有相同的奇偶性，从而乘积 $b_{h+1}b_{h+2}\cdots b_k$ 中，每个 a_i 出现偶数次，因而是平方数.

（ⅱ）设 $p_1,p_2,\cdots,p_n$ 为前 n 个素数，定义序列

$$s_1=p_1,$$
$$s_2=s_1,p_2,s_1,$$
$$\cdots,$$
$$s_{j+1}=s_j,p_{j+1},s_j,$$
$$\cdots,$$

则 s_n 共有 2^n-1 项.

s_1 不为平方数. 设 s_{n-1} 中连续的项的乘积均不为平方数. 对于 s_n，如果连续的项中有 p_n，当然乘积不为平方数；如果连续的项中没有 p_n，则一定是 s_{n-1} 中的连续项，因而积也不为平方数.

本题结论可推广为：若 $N\geqslant m^n$，则存在连续的项，其乘积为 m 次幂；而当 $N<m^n$ 时，结论未必成立.

14. 令 $m=2n-1$. 若某张牌最初的次序数为 x，则每次洗牌使

$$x\mapsto 2x-1(\mathrm{mod}\ m).$$

k 次洗牌，使

$$x\mapsto 2^kx-2^{k-1}-2^{k-2}-\cdots-1=2^kx-(2^k-1)\ (\mathrm{mod}\ m).$$

因为 $2^{\varphi(m)}-1\equiv0(\mathrm{mod}\ m)$，所以当 $k=\varphi(m)$ 时，

$$2^kx-(2^k-1)=2^kx=x\ (\mathrm{mod}\ m),$$

而 $\varphi(m)\leqslant m-1\leqslant2n-2.$

15. （ⅰ）考虑 $a_2-a_1, a_3-a_1, \cdots, a_k-a_1, a_1, a_2, \cdots, a_k$ 这 $2k-1$ 个 $\leqslant n$ 的数,由于 $2k-1>n$,因而这 $2k-1$ 个数中必有相同的,从而有 $a_r-a_1=a_j$.

（ⅱ）$\left[\dfrac{n}{2}\right]+1, \left[\dfrac{n}{2}\right]+2, \cdots, n$ 这组数中没有一个数能等于其他两个数的和. 说明当 $k=\left[\dfrac{n+1}{2}\right]$ 时,结论未必成立.

16. 用反证法. 若 $a_1\leqslant\left[\dfrac{2n}{3}\right]$,则 $3a_1\leqslant2n$. 于是

$$2a_1, 3a_1, a_2, a_3, \cdots, a_n$$

这 $n+1$ 个数中没有一个能整除另一个,这与第四章第 8 节例 1(将那里的 100 改为 $2n$)矛盾.

17.

$$(a\circ b)\circ c=(a\circ b)\circ(c\circ e)$$
$$=(a\circ b)\circ((c\circ(e\circ b))\circ(e\circ(e\circ b)))$$
$$=(a\circ b)\circ((c\circ(e\circ b))\circ b)$$
$$=a\circ(c\circ(e\circ b)).$$

18. 令 $x_1=x_2=x$ 得

$$2f(x)=2f(x)\cdot f(0).$$

特别地,$2f(0)=2f^2(0)$,因为 $f(0)\neq0$,所以 $f(0)=1$.

又令 $x_1=x, x_2=-x$ 得

$$f(x)+f(-x)=2f(0)\cdot f(x)=2f(x),$$

所以 $f(-x)=f(x)$.

$f(x)$ 是偶函数.

19. 由于 X 是有限集,X 的偶子集 E 只有有限多个,其

中必有一个 E,使 $f(E)$ 最大.使 $f(E)$ 最大的 E 可能不止一个,取元数最少的一个作为 P.

令 $Q=X-P$. (a)显然成立.

设 S 是 P 的非空偶子集,则 $P-S$ 也是偶子集,而且元数少于 P.根据 P 的定义,

$$f(P-S) < f(P) = f(P-S) + f(S) - 1990,$$

因此,$f(S)>1990$,(b)成立.

设 T 为 Q 的偶子集,则 $P\cap T=\varnothing$,而且 $P\cup T$ 也是偶子集.所以由 P 的定义,

$$f(P) \geqslant f(P\cup T) = f(P) + f(T) - 1990,$$

即 $f(T)\leqslant 1990$.(c)成立.

20. 由归纳法易知

$$f_n(x)=2^n(x+1)-1.$$

因为 2^n 与 1993 互素,所以同余方程

$$2^n(x+1) \equiv 1 \pmod{1993} \tag{1}$$

有唯一解 $x=m_0\in\{0,1,2,\cdots,1992\}$.

又显然 $x=1992$ 不是方程(1)的解.

21. 由归纳法易知

$$f(\{a_{i_1},a_{i_2},\cdots,a_{i_t}\}) = \sum_{k=1}^{t} f(\{a_{i_k}\}) - (t-1)f(\varnothing).$$

于是,当 $f(\varnothing)$ 及 $f(\{a_1\}),f(\{a_2\}),\cdots,f(\{a_n\})$ 的值确定后,f 即被唯一确定.

（ⅰ）$f(\varnothing)=0$ 时,只需使

$$f(\{a_1,a_2,\cdots,a_n\}) = \sum_{i=1}^{n} f(\{a_i\}) \leqslant m-1,$$

而不定方程
$$x_1 + x_2 + \cdots + x_n + x_{n+1} = m - 1$$
的非负整数解个数是 $C_{(n+1)+(m-1)-1}^{m-1} = C_{n+m-1}^n$，即所求映射个数为 C_{n+m-1}^n.

（ⅱ）$f(\varnothing) = 1$ 时，
$$0 \leqslant f(\{a,b\}) = f(\{a\}) + f(\{b\}) - 1,$$
于是 $f(\{a\}), f(\{b\})$ 中至多有一个为 0，因此有两种情况：

（a）所有 $f(\{a_i\}) \geqslant 1$. 只需使
$$f(\{a_1, a_2, \cdots, a_n\}) = \sum_{i=1}^{n} f(\{a_i\}) - (n-1) \leqslant m - 1,$$
而不定方程
$$x_1 + x_2 + \cdots + x_n + x_{n+1} = m - 2$$
的非负整数解个数是 $C_{(n+1)+(m-2)-1}^{m-2} = C_{n+m-2}^n$，即有 C_{n+m-2}^n 个满足要求的映射.

（b）有一个 $f(\{a_i\}) = 0$. 不妨设 $f(\{a_1\}) = 0$. 只需使（因为这时以 $f(\{a_2, a_3, \cdots, a_n\})$ 的值为最大）
$$f(\{a_2, a_3, \cdots, a_n\}) = \sum_{i=2}^{n} f(\{a_i\}) - (n-2) \leqslant m - 1,$$
而不定方程
$$x_2 + \cdots + x_n + x_{n+1} = m - 2$$
的非负整数解有 $C_{n+(m-2)-1}^{m-2} = C_{n+m-3}^{n-1}$ 个，即有 C_{n+m-3}^{n-1} 个满足要求的映射. 因此，所求映射共
$$C_{n+m-2}^n + n C_{n+m-3}^{n-1}$$
个.

22. A 至少有 4 个元素.

1,3,6,8 这 4 个数,两两的差均为素数,所以 $f(1)$,$f(3)$,$f(6)$,$f(8)$互不相同,$|A| \geqslant 4$.

另一方面,令

$$f(4k+i) = i \quad (i=1,2,3,4,;k=0,1,2,\cdots),$$

则当 $f(x)=f(y)$时,$x-y$ 是 4 的倍数,不是素数. 而当 $x-y$ 为素数时,$f(x) \neq f(y)$. 这时

$$A = \{1,2,3,4\}, \quad |A| = 4.$$

23. 取 $a=0$ 得 $f(1)=f(0)+f(1)$,$f(0)=0$,从而 $f(x)$ 的常数项为 0. 记

$$f(x) = a_1 x + a_2 x^2 + \cdots + a_n x^n,$$

则

$$a_1(1+x) + a_2(1+x)^2 + \cdots + a_n(1+x)^n$$
$$= a_1 x + a_2 x^2 + \cdots + a_n x^n + a_1 + a_2 + \cdots + a_n.$$

比较两边 $x^k (k=1,2,\cdots,n-1)$的系数得

$$a_n = a_{n-1} = \cdots = a_2 = 0,$$

所以

$$f(x) = a_1 x.$$

由

$$f(k_1) = a_1 k_1 = k_2, f(k_2) = a_1^2 k_1 = k_3, \cdots,$$
$$f(k_n) = a_1^n k_1 = k_1,$$

得 $a_1=1$,所求多项式为

$$f(x) = x.$$

24. 取开区间 $(0,1)$的子集

$$A = \left\{ \frac{1}{2}, \frac{1}{3}, \cdots, \frac{1}{n}, \cdots \right\}.$$

对于闭区间$[0,1]$中的数,令

$$0 \to \frac{1}{2}, 1 \to \frac{1}{3}, \frac{1}{2} \to \frac{1}{4}, \frac{1}{3} \to \frac{1}{5}, \cdots, \frac{1}{n} \to \frac{1}{n+2}, \cdots$$

而其余的数 $x \to x$,这个对应是一一对应.

25. 如图 1,从原点开始,螺旋地陆续标 $1,2,3,4,\cdots$. 这就是满足要求的一种对应.

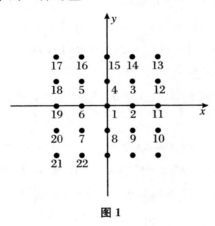

图 1

26. $g(n)+2$ 可用链表示:

$$1 \longmapsto 4 \longmapsto 3 \longmapsto 6 \longmapsto 8 \longmapsto 10 \longmapsto 12 \longmapsto \cdots$$
$$2 \longmapsto 5 \longmapsto 7 \longmapsto 9 \longmapsto 11 \longmapsto 13 \longmapsto 15 \longmapsto \cdots$$

每个数 n 的后一项即 $g(n)+2$.

于是,将两条链编在一起就得到 $f(n)$,即如图 2 所示.

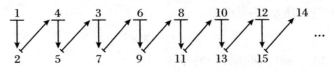

图 2

每个数 n 的后一项即 $f(n)$.

27. $h(n)+2$ 可用链表示：

$$1 \longmapsto 5 \longmapsto 7 \longmapsto 9 \longmapsto \cdots$$

$$2 \longmapsto 6 \longmapsto 8 \longmapsto 10 \longmapsto \cdots$$

$$3 \rightleftarrows 4$$

如果存在所说的 f，那么 $f(f(3))=4$，所以 $f(3)\neq 3$. 同理 $f(4)\neq 4$. 因此设 $f(3)=a$，则 $a\neq 3, a\neq 4$. 即 a 是上面两条链中的某个数.

一方面，$f(a)=f(f(3))=4$，$f(f(a))=f(4)$，$f(f(f(a)))=f(f(4))=3$，$f(f(f(f(a))))=f(3)=a$.

另一方面，a 在上面的两条链中，所以，$f(f(a))=h(a)+2=b$ 仍在同一条链中，$f(f(f(f(a))))=f(f(b))=h(b)+2=c$ 也在同一条链中，而且 b 在 a 后，c 在 b 后，$c\neq a$.

以上两方面的结果矛盾. 因此所说的 f 不存在.

28. 不妨设 $c=1\left(\text{否则用 }\dfrac{a}{c},\dfrac{b}{c},1,\dfrac{d}{c}\text{ 代替 }a,b,c,d\right)$.

由 $f(f(x))=x$ 得

$$\frac{a\cdot\dfrac{ax+b}{x+d}+b}{\dfrac{ax+b}{x+d}+d}=x,$$

化简得

$$(a+d)x^2+(d^2-a^2)x-b(a+d)=0.$$

上式对 $x\neq -d$ 均成立，所以

$$a+d=0,\quad d=-a.$$

又 $f(19)=19, f(97)=97$，即 $19,97$ 是

$$\frac{ax+b}{x-a}=x$$

的两个根. 化简得

$$x^2-2ax-b=0,$$

所以

$$a=\frac{1}{2}(19+97)=58,\quad b=-19\times 97=-1843.$$

$$f(x)=\frac{58x-1843}{x-58}=58+\frac{1521}{x-58}.$$

因为 $-d=58$, 所以 $x\neq 58$(即定义域为 $(-\infty,58)\bigcup(58,$ $+\infty)$). 又因为 $x\neq 58$ 时, $f(f(x))=x$, 所以 $f(x)$ 的值域为 $(-\infty,58)\bigcup(58,+\infty)$.

29. 设 $a\in A-B$, 则 $a\notin B$. 如果 $f(a)\in f(B)$, 那么有 $b\in B$, 使得 $f(a)=f(b)$.

当 f 为单射时, $f(a)=f(b)$ 导致 $a=b$, 这与 $a\notin B$ 矛盾. 所以此时, $f(a)\notin f(B)$, 即 $f(A-B)\bigcap f(B)=\varnothing$. 又

$$f(A)=f((A-B)\bigcup B)=f(A-B)\bigcup f(B),$$

所以

$$f(A-B)=f(A)-f(B).$$

如果取 $Y=X$, 并设 $a\in A-B,b\in B$, 定义映射

$$f(x)=\begin{cases}x, & x\neq a;\\ b, & x=a,\end{cases}$$

则 $f(A-B)=(A-B-\{a\})\bigcup\{b\}$, 而

$$f(A)-f(B)=(A-\{a\})-B=A-B-\{a\}.$$

所以 $f(A-B)\neq f(A)-f(B)$.

30. 不妨设 $b_1 < b_2 < \cdots < b_{50}$. 在数列

$$a_1, a_2, \cdots, a_{100}$$

的每两项之间的"空隙"(共 99 个)中选取 49 个,插入"挡板".第一个挡板前的数对应于 b_1. 第 $i-1$ 个挡板与第 i 个挡板之间的数对应于 $b_i(i=2,3,\cdots,49)$. 第 49 个挡板后的数对应于 b_{50}.

这样的对应满足要求. 而且每个满足要求的对应也都是上述的对应. 因此,满足要求的映射 f 共 C_{99}^{49} 个.

31. 显然 $f(x)=2x$ 满足要求.

设 f 满足 $f(f(x))=6x-f(x)$. 因为 $f: \mathbf{R}^+ \to \mathbf{R}^+$,所以 $f(x) < 6x$,从而

$$6x - f(x) = f(f(x)) < 6f(x),$$

$$f(x) > \frac{6}{7}x.$$

令 $a_1=6, a_{n+1}=\dfrac{6}{1+a_n}(n=1,2,\cdots)$. 已有

$$a_2 x < f(x) < a_1 x.$$

设有

$$a_{2n} x < f(x) < a_{2n-1} x, \tag{2}$$

则

$$a_{2n} f(x) < 6x - f(x) = f(f(x)) < a_{2n-1} f(x),$$

所以

$$a_{2n} x = \frac{6x}{1+a_{2n-1}} < f(x) < \frac{6x}{1+a_{2n}} = a_{2n+1} x.$$

同理可得

$$a_{2n} f(x) < 6x - f(x) < a_{2n+1} f(x),$$

所以

$$a_{2n+2}x < f(x) < a_{2n+1}x.$$

于是不等式(2)对一切自然数 n 成立.

用归纳法易证 $a_{2n}\uparrow$, $a_{2n-1}\downarrow$, 并且 $a_{2n}<2<a_{2n-1}$, 所以 $\{a_{2n}\}$, $\{a_{2n-1}\}$ 都有极限. 设它们的极限分别为 α,β, 则

$$\alpha = \frac{6}{1+\beta}, \quad \beta = \frac{6}{1+\alpha},$$

因而 $\alpha=\beta$, 并且 $\alpha^2+\alpha-6=0$, $\alpha=2$(负值舍去). 于是在不等式(2)中取极限得

$$f(x) = 2x.$$

32. 显然 $f(1)=1$.

对任一自然数 $n>1$,

$$n \times 9n = (3n)^2,$$

因此合乎要求的 $m(\leqslant 9n)$ 存在, 即 f 存在.

如果 m 为素数, 那么对任一组自然数

$$n = a_1 < a_2 < \cdots < a_k = m,$$

$a_1 a_2 \cdots a_k$ 能被 m 整除, 但不能被 m^2 整除, 因而 $a_1 a_2 \cdots a_k$ 不是平方数. 所以满足要求的 m 必须为合数. 即 $f:\mathbf{N}\rightarrow\{1\}\bigcup\{合数\}$.

如果 $n<n'$, 并且 $f(n)=f(n')=m$, 那么有

$a_1 a_2 \cdots a_k$ 与 $b_1 b_2 \cdots b_h$ 都是平方数, 而且

$$a_1 = n < a_2 < \cdots a_k = m, \quad b_1 = n' < b_2 < \cdots < b_h = m,$$

于是

$$a_1 a_2 \cdots a_k b_1 b_2 \cdots b_h$$

也是平方数. 去掉其中相同的数(如 a_k 与 b_h), 剩下的数可依

递增顺序排成

$$c_1 < c_2 < \cdots < c_t,$$

且 $c_1 c_2 \cdots c_t$ 也是平方数,其中 $c_1 = a_1 = n$,而 $c_t < m$. 于是 $f(n)$ $\leqslant c_t < m$,与 $f(n) = m$ 矛盾. 这表明 f 是单射.

设 m 为合数,$m = a \cdot b (a \geqslant b > 1)$,则当 $a > b$ 时,$a \cdot b \cdot m = (ab)^2$. 当 $a = b$ 时,$m = a^2$. 因此总有递减的自然数数列

$$m = b_1 > b_2 > \cdots > b_k = n(>1),$$

使 $b_1 b_2 \cdots b_k$ 为平方数. 设 n 为具有上述性质的最大的自然数,则显然有

$$f(n) \leqslant m.$$

如果 $f(n) < m$,那么有

$$n = a_1 < a_2 < \cdots < a_h < m,$$

使 $a_1 a_2 \cdots a_h$ 为平方数,

$$a_1 a_2 \cdots a_h b_1 b_2 \cdots b_k$$

也是平方数. 去掉其中相同的数(如 $a_1 = b_k = n$),剩下的数可排成

$$c_s < c_{s-1} < \cdots < c_1,$$

而且 $c_s > n, c_1 = b_1 = m$,这与 n 的定义矛盾. 因此 $f(n) = m$,即 f 是满射.

33. 令 $x = y = 1$ 得

$$4f(1) = \frac{f(1)}{f(2)},$$

所以 $f(2) = \frac{1}{4}$.

再令 $x=y=2$ 得

$$2f(2) + 8f(4) = \frac{f(4)}{f(4)} = 1,$$

所以 $f(4) = \frac{1}{16}$.

令 $y=1$ 得

$$f(x) + f(1) + 2xf(x) = \frac{f(x)}{f(x+1)},$$

即

$$f(x+1) = \frac{f(x)}{(1+2x)f(x) + f(1)}, \tag{3}$$

从而

$$f(3) = \frac{\frac{1}{4}}{\frac{5}{4} + f(1)} = \frac{1}{5 + 4f(1)},$$

$$f(4) = \frac{1}{7 + (5 + 4f(1))f(1)} = \frac{1}{16},$$

所以

$$7 + (5 + 4f(1))f(1) = 16,$$
$$f(1) = 1（负值舍去）.$$

此外，由公式（3），

$$\frac{1}{f(x+1)} = \frac{1}{f(x)} + 2x + 1, \tag{4}$$

于是

$$\frac{1}{f(x+n)} = \frac{1}{f(x+n-1)} + 2(x+n-1) + 1 = \cdots$$

$$= \frac{1}{f(x)} + 2nx + n^2. \tag{5}$$

假设对正整数 $n, f(n) = \frac{1}{n^2}$，则

$$f(n+1) = \frac{1}{(1+2n)+n^2} = \frac{1}{(n+1)^2},$$

因此，对一切正整数 $n, f(n) = \frac{1}{n^2}$.

对有理数 $x = \frac{p}{q}$，取 $y=q$，则由已知及式(5)，

$$f(x) + \frac{1}{q^2} + \frac{2}{p} = \frac{\frac{1}{p^2}}{f\left(\frac{p}{q}+q\right)} = \frac{1}{p^2}\left(\frac{1}{f(x)} + 2p + q^2\right),$$

因此

$$f(x) = f\left(\frac{p}{q}\right) = \frac{q^2}{p^2} = \frac{1}{x^2}.$$

显然 $f(x) = \frac{1}{x^2}$ 满足要求.

34.

$$f(n) = \begin{cases} n + \frac{k-1}{2} \cdot k^{i-1}, & k^{i-1} \leqslant n < \frac{(1+k)k^{i-1}}{2}; \\ nk - \frac{k-1}{2} \cdot k^i, & \frac{(1+k)k^{i-1}}{2} \leqslant n < k^i \end{cases}$$

$(i=1,2,\cdots)$ 满足要求.

35. 设 x,y 互不相识，z 是他们的公共朋友，x 还认识 $x_1,x_2,\cdots,x_h,y$ 还认识 $y_1,y_2,\cdots,y_k.$ 由式(3)，

$$x_i \neq y_j \quad (1 \leqslant i \leqslant h, 1 \leqslant j \leqslant k).$$

由式(2)，$x_i \neq y$，且 x_i 不认识 $z(1 \leqslant i \leqslant h)$. 由式(3)，$x_i$ 与 y 恰有一个公共朋友，记为 $f(x_i)$. 则 f 是映射：

$$\{x_i \mid i=1,2,\cdots,h\} \rightarrow \{y_j \mid j=1,2,\cdots,k\}.$$

$x_{i_1}, x_{i_2}(i_1 \neq i_2)$ 只有一个公共朋友 x，所以 $f(x_{i_1}) \neq f(x_{i_2})$，即 f 为单射，$h \leqslant k$. 同理，$k \leqslant h$，所以 $k=h$.

若 x 与 z 相识，由式(1)，存在 y 与 x 不相识，x_1 与 z 不相识. 若 y 与 z 也不相识，则由上面所证，y 与 x、y 与 z 认识的人都一样多，从而 x 与 z 认识的人一样多. 因此，设 y 与 z 相识. 同样，设 x_1 与 x 相识. 于是由式(3)，y 与 x_1 不相识. x 与 y 认识的人一样多，y 与 x_1 认识的人一样多，x_1 与 z 认识的人一样多，所以 x 与 z 认识的人一样多.

36. （ⅰ）若 $f(n_1)=f(n_2)$，则

$$g(n_1)+a = f(f(n_1)) = f(f(n_2)) = g(n_2)+a,$$
$$g(n_1) = g(n_2).$$

因为 g 是一一对应，所以 $n_1=n_2$. 因此 f 是单射.

全体自然数分为若干条轨道. 在每条轨道上，n 的后面紧跟着 $f(n)$. 由于 f 是单射，这些轨道没有公共点，可能有些轨道是圈.

当 a 为正整数时，含有 $1,2,\cdots,a$ 中任一个数的轨道不会是圈，而且这些数只能是链（不是圈的轨道）上的前两个数（因为 $f(f(n))=g(n)+a>a$）.

另一方面，链上的前两个数一定在 $1,2,\cdots,a$ 中. 因为当 $b>a$ 时，存在 n 满足 $g(n)=b-a$，从而 $b=a+g(n)=f(f(n))$，即 b 不在前两个数中.

因此各条链上前两个数的集合＝$\{1,2,\cdots,a\}$，从而 $a=2k$，k 为链的条数．与 a 为正奇数矛盾．

（ⅱ）当 a 为正偶数 $2k$ 时，f 存在．可先作链，n 的后面为 $g(n)+a$．再将每两条链编为一条．链首为 $1,2,\cdots,a$ 的链编为 k 条．

当 $a=0$ 时，f 可能存在，例如 $g(n)=n$，令 $f(n)=n$ 即可．f 也可能不存在，例如

$$g(1)=2, \quad g(2)=1, \quad g(n)=n(n>2).$$

这时，若 $f(1)=2$，则 $f(2)=f(f(1))=g(1)=2$，与上面所说 f 应为单射矛盾．若 $f(1)=1$，则与 $f(1)=f(f(1))=g(1)=2$ 矛盾．若 $f(1)=k>2$，则 $f(k)=f(f(1))=g(1)=2$，$f(2)=f(f(k))=k=f(1)$，矛盾．

37. 以每个非平方数 a 为链首，作出链

$$a \longmapsto a^2 \longmapsto a^4 \longmapsto \cdots$$

再将任两条链编在一起，即设另一条链为

$$b \longmapsto b^2 \longmapsto b^4 \longmapsto \cdots$$

作链

$$a \longmapsto b \longmapsto a^2 \longmapsto b^2 \longmapsto a^4 \longmapsto b^4 \longmapsto \cdots,$$

然后令 $f(n)$ 为 n 所在链上紧跟在 n 后面的数，则 $f(f(n))=n^2$．

38. （ⅰ）不难验证

$$(y-z)^2+4yz = (y+z)^2 \neq p,$$
$$(2y)^2+4yz = 4y(y+z) \neq p,$$

并且

$$(x+2z)^2+4z(y-x-z) = (2y-x)^2+4y(x-y+z)$$

$$= x^2 + 4yz = p.$$

所以 f 是 $S \to S$ 的映射.

f 的不动点必满足 $x = 2y - x$,即 $x = y$. 代入 $x^2 + 4yz = p$ 得 $x \mid p$,从而 $x = y = 1, z = k$.

（ii）f 是对合（即 $f(f(x)) = x$）. 事实上,因为 $x + 2z > 2 \cdot z$,

$$(x + 2z, z, y - x - z) \to (x, y, z).$$

因为 $y - (x - y + z) < 2y - x < 2 \cdot y$,

$$(2y - x, y, x - y + z) \to (x, y, z).$$

因为 $x - 2y < (x - y + z) - y$,

$$(x - 2y, x - y + z, y) \to (x, y, z).$$

由 $x^2 + 4yz = p$ 知,x, y, z 均有界,所以 S 为有限集. 因为 f 为对合,所以可将 $a \in S$ 与 $f(a)$ 两两配对,只有不动点 $(1, 1, k)$ 与自身配对. 从而 $|S|$ 为奇数.

（iii）$(x, y, z) \to (x, z, y)$ 显然是 S 上的对合,因而由 $|S|$ 为奇数,该对合必有不动点（否则将 $a \in S$ 与它的像两两配对,得出 $|S|$ 为偶数）,设它为 (x, y, y),则 $x^2 + 4y^2 = p$.

39. 令 $y = 0$ 得

$$f(x^2) = xf(x), \tag{6}$$

再令 $x = 0$ 得

$$f(-y^2) = -yf(y) = -f(y^2),$$

因此 $f(x)$ 是奇函数,只需考虑 $x > 0$ 的情况.

改记 $a = x^2, b = y^3$,则由已知及式（6）,

$$f(a - b) = f(a) - f(b). \tag{7}$$

用通常的柯西方法可知,当 $x \in \mathbf{Q}$ 时,

$$f(x) = kx, \tag{8}$$

其中 $k = f(1)$.

对任意正实数 x,取有理数 y,则由式(6),

$$f((x-y)^2) = (x-y)f(x-y) = (x-y)(f(x)-ky).$$

另一方面,

$$\begin{aligned} f((x-y)^2) &= f(x^2 - 2xy + y^2) \\ &= f(x^2) - 2f(xy) + f(y^2). \end{aligned}$$

由式(8)易知,对 $y \in \mathbf{Q}, f(xy) = yf(x)$,所以

$$f((x-y)^2) = xf(x) - 2yf(x) + ky^2.$$

比较上面 $f((x-y)^2)$ 的两种表示得

$$f(x) = kx.$$

于是对一切实数 $x, f(x) = kx$.

显然 $f(x) = kx$ 满足要求.

40. S 可以看作 9 元有序数组 $(x_1, x_2, \cdots, x_9)$ 的集合,其中 $x_i \in \{1, 2, 3\}(1 \leqslant i \leqslant 9)$.

令 S_j 为 S 中映射成 $j(j=1,2,3)$ 的元所成的集,则 S_1, S_2, S_3 是 S 的分拆,并且 S_j 中任意两个元 x, y,至少有一个分量相同. 问题即求这种分拆的个数.

不妨设

$$(1, 1, \cdots, 1) \in S_1, (2, 2, \cdots, 2) \in S_2, (3, 3, \cdots, 3) \in S_3. \tag{9}$$

设有 $x \in S_1$,并且 x 的第一个分量为 1. 记 x 为 $1+y$,其中 y 是 x 的后 8 位所成向量(数组).

　　如果 $2+y \in S_2$，我们往证一切以 2 为第一分量的数组均在 S_2 中. 设 $2+u$ 为以 2 为第一分量的数组，则有一个 8 元数组 v，每一位与 y 不同，与 u 也不同，从而 $3+v \notin S_1$，$3+v \notin S_2$，$3+v \in S_3$，$2+u \notin S_3$. 又 $1+v \notin S_2$. 而且有一个 8 元数组 w，每一位与 y 不同，也与 v 不同. 显然 $3+w \in S_3$，从而 $1+v \in S_1$，$2+u \notin S_1$，所以必有 $2+u \in S_2$.

　　对任一首位不为 2 的 9 元数组 $1+y$ 或 $3+y$，因为 S_2 中有 $2+u$，其中 u 与 y 的每一位都不相同，所以 $1+y$，$3+y$ 均 $\notin S_2$. 即 S_2 中的数均以 2 为首位.

　　同理，因为 $(2,1,\cdots,1) \in S_2$，$(1,1,\cdots,1) \in S_1$，所以 S_1 由所有首位为 1 的数组组成. S_3 由所有首位为 3 的数组组成.

　　因此，若 $(2,1,\cdots,1) \in S_2$，则 S_j 由首位为 j 的数组组成 $(j=1,2,3)$.

　　若 $(2,1,\cdots,1) \in S_1$，同理若 $(2,2,1,\cdots,1) \in S_2$，则 S_j 由所有第二位为 j 的数组组成 $(j=1,2,3)$. 依此类推，直到 $(2,2,\cdots,2,1) \in S_1$. 但这时 $(2,2,\cdots,2,2) \in S_2$，所以 S_j 由末位为 j 的数组组成 $(j=1,2,3)$.

　　以上推导表明必有

$$S_j = \{第 k 位为 j 的数组\} \quad (j=1,2,3),$$

其中 $1 \leqslant k \leqslant 9$.

　　因为 (9) 中 S_1，S_2，S_3 可以任意交换下标，所以所求映射（分拆）共有

$$9 \times 3! = 54$$

个.